I0031045

L'ARSENAL
OU
LA PARFAITE CONNOISSANCE
DES TEMS,

CONTENANT L'ORIGINE ET L'Usage du Nombre d'Or, l'Epacte, du Cycle Solaire, de la Lettre Dominicale, des Fêtes Mobiles, & les moyens de s'en servir à perpetuité.

AVEC UN TRAITE' DE LA SPHERE & les Principes de la Navigation.

Par GUILLAUME BLONDEL *Ecuïer, Sieur de Saint Aubin.*

NOUVELLE EDITION.

A ROUEN,
Chez JEAN-B. BESONGNE, ruë Ecuïere, au Soleil Roïal.
M. DCCI.

L'ARSENAL
OU
LA PARFAITE CONNOISSANCE
DES TEMS,

CONTENANT L'ORIGINE ET L'Usage du Nombre d'Or, l'Epacte, du Cycle Solaire, de la Lettre Dominicale, des Fêtes Mobiles, & les moyens de s'en servir à perpetuité.

AVEC UN TRAITE' DE LA SPHERE & les Principes de la Navigation.

Par GUILLAUME BLONDEL *Ecuïer, Sieur de Saint Aubin.*

NOUVELLE EDITION.

A ROUEN,
Chez JEAN-B. BESONGNE, ruë Ecuïere, au Soleil Roïal.
M. DCCI.

APROBATION.

NOUS soussignez Prêtres, Docteurs en Theologie de la Faculté de Paris, certifions avoir lû le Livre intitulé, *L'Arsenal ou la parfaite connoissance des Tems*, & n'y avoir rien trouvé de contraire aux régles de la Foi & des bonnes mœurs. En foi dequoi Nous avons signé, ce vingtiéme jour de Mars mil six cens quatre-vingt treize.

AUVRAY.
Chanoine, Theologal,
& Penitencier de Roüen.

BULTEAU.

Extrait du Privilége du Roy.

PAR GRACE ET PRIVILEGE DU ROY, donné à Versailles, le 2. Avril 1693. Signé BECHET, & scellé du grand Sceau de cire jaune. Il est permis à JEAN-BAPTISTE BESONGNE, Imprimeur & Libraire en nôtre Ville de Roüen, d'imprimer ou faire imprimer, vendre & debiter un Livre intitulé, *L'Arsenal ou la parfaite connoissance des Tems, &c.* en tel Volume, Marge ou Caractere, & autant de fois qu'il voudra; & ce durant le tems & espace de huit années entieres & accomplies, à compter du jour que ledit Livre sera achevé d'imprimer pour la premiere fois; avec tres-expresses défenses à tous Imprimeurs, Libraires & autres, d'imprimer ou faire imprimer, vendre & debiter ledit Livre sous pretexte de changement, ni même impression étrangere, sans le consentement dudit Exposant, à peine de mil livres d'amende & confiscation des Exemplaires contrefaits, & de tous dépens, dommages & interêts, ainsi qu'il est plus au long porté par ledit Privilége; & qu'en mettant un Extrait dudit Privilége, il soit tenu pour bien & dûëment signifié.

Registré sur le Livre de la Communauté des Imprimeurs-Libraires à Paris, le 11. Avril. 1693. AUBOUIN, *Syndic.*

Les Exemplaires ont été fournis.

A MONSEIGNEUR
L'ILLUSTRISSIME ET REVERENDISSIME
MESSIRE JACQUES-NICOLAS COLBERT,
ARCHEVESQUE DE ROUEN, PRIMAT DE NORMANDIE.

ONSEIGNEUR,

Lors qu'on verra le NOM de VÔTRE GRANDEUR, *au commencement de ce Livre; on ne manquera pas de m'accuſer de préſomption & de temerité, d'avoir voulu attirer ſur un Ouvrage de ſi petite conſéquence, les yeux d'un grand Prélat, qui par ſes Merite & ſes rares Vertus, ſe fait admirer de tout le Monde. Je reconnois,* MONSEIGNEUR, *que l'on pourroit avec quelque raiſon me faire ce reproche; Cependant à qui pourrois-je plus justement dédier un Livre des Epactes , qui sont les mesures du Tems , qu'à* VÔTRE GRANDEUR, *qui sçait compasser tous les momens de sa Vie avec tant de conduite & de prudence, qu'il ne s'en passe pas un qui ne soit employé au Réglement de son Diocése , à l'Edification de l'Eglise & à l'Utilité du Public Si Gregoire XIII. une éclatante lumiere de l'Eglise , la gloire de son siécle & le modelle des plus grands Prélats , n'a pas fait de difficulté d'employer les momens précieux d'une Vie aussi belle que la sienne , à régler les Epactes , & à travailler à la réformation du Calendrier Romain ; J'ai lieu d'esperer ,* MONSEIGNEUR , *que* VÔTRE GRANDEUR , *malgré ses importantes Occupations , ne dédaignera pas de jetter les yeux sur ce petit Ouvrage , que je lui consacre avec un profond respect : Tout ce qui peut donc m'embarasser dans le deßein que j'ai de lui faire cette Offrande sur la fin de mes jours , c'est le peu de disposition que me fournit mon éloquence , pour renfermer dans les bornes d'une si petite Epître , toutes les Loüanges que meritent des Vertus si éminentes , que celles qu'on voit briller avec tant d'éclat dans* VÔTRE GRANDEUR. *J'aprehende avec beaucoup de raison , de tomber dans une extremité oposée à celle où se trouvent ordinairement les personnes qui font des Epîtres Dédicatoires , qui par des Loüanges outrées , sont le plus souvent à charge à ceux qu'ils veulent honorer ; moi au contraire , je crains de déshonorer Vôtre Merite , en formant le deßein de le loüer J'avoüe ,* MONSEIGNEUR , *que ces sentimens de respect ont beaucoup contre-balancé la confiance que me donnoit cette Bonté qui vous est si naturelle ; Cependant j'ai repris courage où un autre en auroit manqué , & considerant que* VÔTRE GRANDEUR , *qui sçait si bien meriter les Eloges , n'aime pas à les recevoir ; j'ai pris le parti d'honorer ses Vertus par un respectueux silence , & me contenter de suplier* VÔTRE GRANDEUR , *de souffrir que je me dise ,*

MONSEIGNEUR,

Vôtre tre-humble & tres-obeïssant Serviteur ,
G. BLONDEL Ecuïer, Sieur de Saint Aubin.

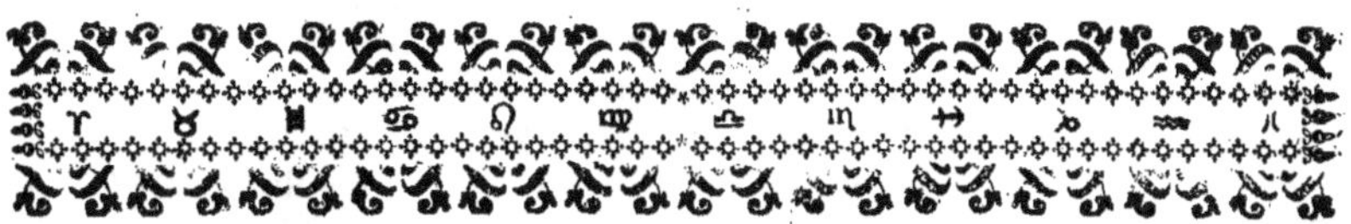

AU PUBLIC.

IL y a plusieurs années que j'ai mis au jour un petit Traité de l'usage du Nombre d'Or, de l'Epacte, du Cycle Solaire, de la Lettre Dominicale & des Fêtes mobiles; quoi qu'il ne puisse servir que pour le reste de ce Siecle, il a été si bien reçû que j'ai crû devoir pousser plus loin un travail dont l'utilité étoit connuë; l'embellissant de nouvelles recherches, comme de l'origine & de l'antiquité de ces Sciences : ne prenant pas moins de soin de rapeller le passé, que de faire entrer les Studieux dans l'avenir aussi loin qu'il leur plaira, par le moyen des Tables que j'ai dressées, & des Regles que j'ai données, qui ne sont pas moins nettes qu'exactes, & dont on se peut servir par une methode si aisée, que je ne croi pas me flâter de m'en promettre quelque succez. J'avoüerai pourtant, (mon cher Lecteur,) que s'il ne m'a pas été mal aisé de faire voir les fautes qui se rencontrent dans l'Epacte, ni d'y aporter remede avec quelque justesse, quoi que je me sois apliqué à les reformer pour plusieurs Siecles à venir, & même à perpetuité; je n'ai pû si bien faire qu'il ne restast encor quelque diference, mais c'est si peu de chose que cela ne pourra être d'aucun préjudice, les ayant corrigées, en sorte qu'on ne les sçauroit purger davantage des erreurs qui y étoient. A ce sujet j'ai composé un Chapitre de consequence touchant une nouvelle Epacte, que j'ai inventée en faveur des Navigateurs; par le moyen de laquelle ils trouveront facilement l'âge de la Lune au juste, ce qui leur sera tres-avantageux pour trouver l'heure de la Marée précise, lors qu'ils voudront entrer dans un Havre qui ne garde point son plein. Mais je vous donne avis (cher Lecteur) que cette Epacte nouvelle ne servira point pour trouver les Pleines Lunes Paschales, atendu que les saints Canons de l'Eglise y ont aporté une Regle, à laquelle il ne m'est pas permis de toucher. Tout ce que j'ai pû faire dans le cours de mon Oûvrage, a été d'en donner l'explication avec des moyens bien faciles pour la trouver suivant l'ancien & le nouveau Calendrier à perpetuité : Il en est de même des Fêtes mobiles, dont on sçaura le jour immanquablement. Bien que je vous donne un petit Livre de peu de volume, je prétens qu'il porte à bon droit le titre de *GRAND ARSENAL DES TEMS*, En ce que ceux qui s'attacheront à la lecture de l'Histoire y trouveront à point nommé dequoi surmonter les doutes qui s'y rencontrent sur la citation des âges ou les choses se sont passées, par les manieres diferentes dont les Auteurs ont compté : Il n'y aura rien de si facile que de travailler sur mes Tables ou sur mes Propositions. Ils auront la satisfaction que je leur desire, trouvant dans cét *ARSENAL* tout ce qui leur sera necessaire, tant pour le passé que pour le futur : J'ai crû qu'il ne faloit que vous donner l'intelligence de l'ordre qu'ont tenu les Anciens, pour nous designer en quels siecles & années les choses memorables sont avenuës.

Le tems se divise en celui qui a precedé la venuë de Nôtre Seigneur, & en celui qui s'est écoulé depuis. Les Historiographes partagent le passé en Aages, pour y établir un ordre ; subdivisant ces Aages en Siecles, Jubilés, Indictions, Ans sabatiques, Lustres, Olympiades ; & nous divisons l'An en Saisons, en Mois, en Semaines, en Jours & en Heures.

L'Aage n'est autre chose qu'une espace de tems, comprenant quelques siecles depuis quelque évenement remarquable, jusqu'à un autre qui ne le sera pas moins. Les uns en content depuis la Creation du Monde six, d'autres sept, & j'ai crû devoir suivre les derniers.

Le premier Aage est depuis la Creation du Monde jusqu'au Deluge : Peut-il dans l'ordre des choses se trouver rien de plus remarquable que la formation du premier Homme, & le submergement de tous les Hommes, excepté Noé & ses Enfans, seuls justes & dignes de la Misericorde de nôtre Createur ?

Le second, depuis le Deluge jusqu'à la Circoncision d'Abraham ?

Le troisiéme, depuis la Circoncision d'Abraham jusqu'à la sortie des Israëlites, que Dieu tira de la servitude d'Egypte.

Le quatriéme, depuis cette miraculeuse délivrance, jusqu'à la construction du Temple de Salomon ?

Le cinquiéme, depuis la construction du Temple de Salomon, jusqu'à la captivité de Babilone.

Le sixiéme, depuis la Captivité de Babilone, jusqu'à la Naissance de Nôtre Seigneur.

Le septiéme, depuis la Naissance de Nôtre Seigneur, jusqu'à nous.

Ceux qui ne content que six Aages, n'en font qu'un du cinquiéme & du sixiéme, qui durera jusqu'à la fin du monde, non que depuis les ans de Grace il ne soit arrivé d'assez grandes revolutions dans le monde, pour donner lieu à distinguer ce temps par Aages, comme on en a usé avant la venuë de JESUS-CHRIST; ce qui se pourroit faire sans blesser le respect que nous devons aux ans de nôtre Salut, ni toucher à la pensée de ceux qui tiennent que le septiéme Aage commencera immediatement aprés la consommation des Siecles, & sera pour le repos des Bienheureux : faisant une suposition, que de même que Dieu a été six jours à créer le Monde, & que le septiéme il s'est reposé, le septiéme Aage sera donné au repos des Bienheureux.

Le Siecle est un cours de cent ans : Valerius-Publicola institua les Jeux Seculaires pour les distinguer,

Le Jubilé étoit, aprés le siecle, le plus long espace de tems; le Peuple Juif l'observoit de cinquante années en cinquante années; au bout desquelles ceux qui avoient engagé leur liberté la recouvroient, & ceux qui s'étoient constituez debiteurs devenoient de ce jour là quittes envers leurs creanciers. Dans la Loi de Grace les Papes donnoient les Jubilés pour afranchir les ames; les premiers de cent ans en cent ans; ensuite de cinquante ans en cinquante ans; enfin cela a été reglé de vingt cinq ans en vingt cinq ans, & s'appellent *Années saintes.*

L'Indiction Romaine tient lieu aprés le Jubilé, environ de quinze années; le septiéme des Calendes d'Octobre commençoit la nouvelle Indiction.

L'an Sabatique étoit un cours de sept années; la derniere desquelles étoit une année de repos pour la terre, & pour toute sorte de travail manuel; c'est pourquoi la sixiéme année on recevoit assez de toutes sortes de biens servant à la nourriture, pour subsister jusqu'à la nouvelle recolte.

L'Olympiade étoit de cinq ans chez les Grecs, au bout desquels on celebroit ces Jeux si fameux, où les Vainqueurs étoient couronnez de Laurier, & leur Statuë étoit mise en la Place publique. La premiere Olympiade suivant la plus commune opinion commença en l'an de la creation du Monde 3174, & 775 ans avant la Naissance de Nôtre Seigneur. D'autres Auteurs ont voulu dire que les Olympiades étoient un espace de quatre ans accomplis, aprés lesquels on celebroit les Jeux Olympiques dans l'année suivante, qui étoit la cinquiéme; ce qui fait que quelques-uns disent que les Olympiades sont de cinq ans: Voyez l'*Etymologicum* de *Vossius.*

Les Romains faisoient la même observation sous le nom de Lustre, on y payoit les tributs & les redevances, & la revûë des Gens de Guerre étoit faite dans le Champ de Mars.

L'An se distingue en Astronomique & Civil ; l'Astronomique est encor partagé en Stellaire & Solsticial : Le Stellaire est l'espace de tems que le Soleil employe à retourner à l'Etoille fixe d'où il étoit parti, ce qui arrive en 365 jours, 6 heures, 9 minutes & 39 secondes : L'An Solsticial est l'espace de tems que le Soleil met a parcourir tous les signes du Zodiaque & revenir au point d'où il est parti, ce qui se fait en 365 jours, 5 heures, 48 minutes, & 45 secondes.

L'An Civil ou Politique, est celui par lequel chaque Nation exprime le tems passé ou le futur : il est apellé Julien, à cause de la reformation qu'en fit Jule Cesar. Avant lui il y avoit eu divers changemens, comme il y en a encor eu depuis. Sous Romulus il n'étoit que de 304 jours, partagez en dix mois, commençant par celui de Mars. Mais comme cela n'avoit aucun raport à l'an Solsticial, Numa Pompilius y ajoûta 50 jours, dont il composa deux mois, sçavoir Janvier & Février, pour faire raporter l'an aux douze mois Lunaires, & comme cela ne se raportoit point encor à l'an Solsticial & qu'il s'en falloit onze jours, il ordonna qu'on intercalast ces onze jours tous les ans entre le 24 & le 25 jour de Février. Or quand il arrivoit que par la negligence des Pontifes & des Prêtres on laissoit quelquefois passer le tems de l'Intercalation, cela causoit une grande confusion dans la suite.

Pour arrêter ce desordre Jule Cesar composa l'an de 365 jours, en y ajoûtant les onze & pour les six heures environ qui restoient, il ajoûta encor un jour de quatre ans en quatre ans, & quand cette année écheoit on l'apelloit Bissextile, parce qu'on disoit deux fois le sixiéme des Kalendes de Mars, qui étoient le 24 & le 25 de Février, mois qui n'est que de 28 jours, & de 29 en l'année Bissextile C'est ainsi que l'an Julien s'accorde à l'an Solsticial, à la reserve de quelques minutes & secondes qu'il y a de trop en l'an Civil ; c'est pourquoi le Pape Gregoire XIII, corrigea & retrancha 10 jours au mois d'Octobre, & pour remedier à ce desordre, à l'avenir il n'y aura point de Bissexte aux années seculaires 1700, 1800, & 1900, ce que j'expliquerai plus au long dans la suite de ce Livre. Je ne veux rien dire autre chose de l'an, sinon que l'on étudie cette Enigme.

Est unus genitor, cujus sunt pignora bix sex ;
His quoque triginta natæ, sed dispare forma,
Aspectu, hinc niveæ, nigris sed vultibus inde,
Sunt immortales omnes, moriuntur & omnes.

L'An est

L'an est divisé en quatre Saisons ; à sçavoir le Printems , l'Eté , l'Automne & l'Hyver ; qui ont quelque rapport avec les Elemens : le Printems se raporte à l'Air , l'Eté au Feu , l'Automne à la Terre , & l'Hyver à l'Eau. Ainsi les Nations commençoient l'Année en differentes Saisons : les Hebreux au Printems , les Grecs en Eté , les Egyptiens en Automne , & les Romains en Hyver.

Il y a trois sortes de mois , à sçavoir le mois Solaire , le mois Lunaire , & le mois Civil : le mois Solaire est l'espace de tems que le Soleil employe à parcourir un des signes du Zodiaque. Le mois Lunaire est aussi de trois sortes , à sçavoir le mois Lunaire aparent , le mois Lunaire periodique , & le mois Lunaire synodique : le mois Lunaire aparent est l'intervalle entre la premiere Lune aparente & la derniere aparente : le mois Lunaire periodique est le tems pendant lequel la Lune parcourt un des douze signes du Zodiaque , ce qui se fait en 27 jours, 7 heures & 43 minutes : le mois Lunaire synodique est quand la Lune est sortie d'avec le Soleil , elle employe 29 jours , 12 heures , 44 minutes ou environ à s'y rejoindre.

Le mois Civil est composé d'un nombre fixe de jours ; Il y a douze mois à l'année. Il seroit inutile de coucher ici leurs noms, puisqu'il n'y a personne qui les ignore , & si beaucoup de gens n'en sçavent pas l'étymologie je la pourrois donner ; mais je me sens davantage porté à parler des choses à fond , que de faire un long détail de choses plus curieuses qu'utiles : C'est pourquoi entrant en matiere je dirai , que pour sçavoir combien chaque mois a de jours , il faut remarquer qu'Avril , Juin , Septembre & Novembre ont chacun 30 jours , que Février n'en a que 28 en l'année commune, & 29 en l'année bissextile , & que tous les autres mois ont chacun 31 jour ; comme il est declaré en ces quatre Vers :

Trente jours a Novembre ,
Avril , Iuin & Septembre ,
De vingt huit ne s'en voit qu'un ,
Les autres en ont trente & un.

Les parties du mois , suivant les Romains , sont les Kalendes , les Nones & les Ides , les Kalendes sont toûjours le premier jour de chaque mois ; les Nones le 5 ou le 7 ; les Ides le 13 ou le 15. Il y a quatre mois qui commencent leurs Nones le 7 & leurs Ides le 15 , qui sont Mars , Mai , Juillet & Octobre ; & le reste des mois commencent leurs Nones le 5 , & leurs Ides le 13. Il n'eſt point neceſſaire d'en donner d'explication, dautant que cela n'eſt plus en uſage.

La ſemaine contient ſept jours, qui tirent leur nom des Planetes, & commencent à la premiere heure du jour naturel : le Dimanche eſt le jour du Soleil, le Lundi de la Lune, le Mardi de Mars, le Mercredy de Mercure, le Jeudi de Jupiter, le Vendredi de Venus, & le Samedi de Saturne. Les Hebreux anciennement nommoient le Samedi jour du Sabath, qui étoit le jour Saint & du repos, les autres comme celui que nous ſantifions qui eſt le Dimanche, étoit le premier du Sabath ; ainſi de ſuite.

Dans la primitive Egliſe on nommoit le premier jour de la ſemaine le Dimanche, ou premiere Ferie, ainſi des autres ; le Samedi ſeul retenoit ſon nom de jour du Sabath : ce qui ſe void encor à preſent dans les Calendriers de l'Egliſe.

Le jour ſe diſtingue en naturel & artificiel : le naturel, civil ou politique eſt reglé par le tems que le Soleil employe à faire ſon tour d'Orient en Occident, emporté par le premier mobile pendant 24 heures : Le jour naturel ſe commence en divers tems parmi les Nations ; les François & autres Nations voiſines le commencent à minuit, les Italiens au Soleil couchant, les Caldéens & les Babiloniens à Soleil levant, & les Aſtronomes à midi.

Le jour artificiel eſt depuis le Soleil levant juſqu'au Soleil couchant, & la nuit artificielle eſt depuis le Soleil couchant juſqu'au Soleil levant : le jour artificiel eſt different comme les Climats ; je dirai ſeulement que les Anciens le diviſoient par heures, comme fait encor l'Egliſe ; Vigiles ou Matines étoit le minuit, Prime à Soleil levant, Tierce à neuf heures, Sexte à midi, None à trois heures, Vêpres à Soleil couchant, & Complies à jour failli.

Le jour naturel ſe diviſe en vingt-quatre heures, ou deux fois douze heures, l'heure en ſoixante minutes, la minute en ſoixante ſecondes, la ſeconde en ſoixante tierces, & ainſi à l'infini.

TABLE

De ce qui eſt contenu en ce Livre.

CHAPITRE I.

CHAPITRE II.

CHAPITRE III.

CHAPITRE IV.

CHAPITRE V.

CHAPITRE VI.

Fin de la Table.

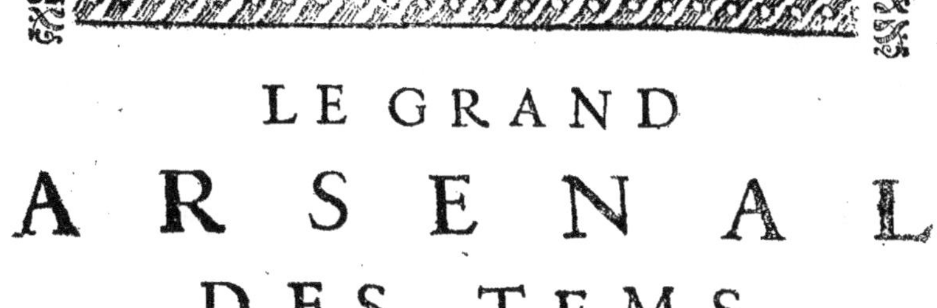

LE GRAND ARSENAL DES TEMS.

DU NOMBRE D'OR.

CHAPITRE I.

ENVIRON quatre cens trente-deux ans devant la venuë de nôtre Seigneur Jesus-Christ, le tres-renommé Meton d'Athene, fils de Pausanias fort experimenté en l'Astronomie, fut le premier inventeur du Cycle ou Periode lunaire, selon l'opinion de Clavius, Calvisius, Origanus & plusieurs autres celebres Autheurs. Ce Periode ou Cycle fut appellé en ce tems-là *Enneadecaeteride*, à cause qu'il fait sa revolution en 19, années solaires quelque peu moins. C'est pourquoi les conjonctions du Soleil & de la Lune qu'on appelle ordinairement Syzigies ou nouvelles Lunes ne reviennent pas tous les ans au même jour du mois où elles se sont faites; mais seulement de 19 ans en 19 ans, encore ne reviennent pas au même instant, car pendant 19 années icelles nouvelles Lunes s'avançent environ d'une heure 28 minutes, comme je le ferai mieux voir ci aprés au Chapitre des Epactes.

La plûpart de ces Autheurs estiment que depuis le tems de Meton jusqu'à l'Empire de Diocletian, & au Concile de Nicée qui se tint l'an de Grace 322, un peu aprés la mort dudit Diocletian, auquel Concile assista le grand Constantin premier Empereur Chrétien. L'usage du Cycle lunaire s'étant entierement aboli par la negligence de ceux qui vécurent dans l'intervalle du tems qui s'est écoulé depuis Meton jusqu'audit Concile de Nicée, pour lors les Archevêques & Evêques d'Alexandrie, tres-experimentez en l'Astronomie remirent en usage le Cycle lunaire, & inventerent les Epactes. Ils ordonnerent par le même Concile que le Cycle seroit usité & gardé dans l'Eglise, à laquelle fin il fut envoyé à Rome une plaque d'argent, sur laquelle étoit gravé en Lettres d'or ce Cycle lunaire; d'autres disent que dans l'ignorance où en étoient les Romains (surpris d'admiration de voir l'utilité de ce Cycle lunaire) ils l'écrivirent en Lettres d'or, l'une & l'autre opinion me semble tres-probable. Et c'est de là que jusqu'à present on l'appelle Nombre d'Or.

Il faut donc dire que le Nombre d'Or ou Cycle lunaire est une revolution de 19 années solaires, commençant à un, l'année suivante 2, celle d'aprés 3, & continuer jusqu'à 19, puis recommencer & continuer jusqu'à l'infini.

Pour trouver le Nombre d'Or de quelqu'année proposée.

IL faut ajoûter un à l'année proposée à cause qu'il y avoit un de Nombre d'Or en l'année de l'Incarnation, ce qui a continué jusqu'à present & continuëra toûjours. On peut donc dire asseurément qu'il faut ajoûter un à l'année proposée, puis diviser le tout par 19, & le reste de la division sera le Nombre d'Or requis : mais s'il ne reste rien, le nombre d'Or sera 19.

Exemple.

En l'année 1687, on demande combien il y avoit de Nombre d'Or.

Pour ce faire, il faut ajoûter un avec 1687, font ensemble 1688, qu'il faut diviser par 19, reste 16 pour le Nombre d'Or de ladite année 1687.

Autre Exemple.

En l'année 1728, on demande combien il y aura de Nombre d'Or.

Pour ce faire, il faut ajoûter un avec 1728, font ensemble 1729 qu'il faut diviser par 19, il ne reste rien, & partant en l'année 1728 il y aura 19 de Nombre d'Or.

Autre Exemple.

En l'année 1947, on demande combien il y aura de Nombre d'Or.

Pour ce faire, il faut ajoûter un avec 1947, font ensemble 1948, qu'il faut diviser par 19, reste 10 pour le Nombre d'Or de ladite année 1947.

Autre Exemple.

En l'année 2873 : on demande combien il y aura de Nombre d'Or.

Pour ce faire, il faut ajoûter un avec 2873 font ensemble 2874, qu'il faut diviser par 19, reste 5 pour le Nombre d'Or de ladite année 2873.

Autre methode pour trouver le Nombre d'Or de quelqu'année proposée par la Table suivante.

Ajoûtez aux années de Grace, un.			
ans.	n.	ans.	n.
1	1	100	5
2	2	200	10
3	3	300	15
4	4	400	1
5	5	500	6
6	6	600	11
7	7	700	16
8	8	800	2
9	9	900	7
10	10	1000	12
20	1	2000	5
30	11	3000	17
40	2	4000	10
50	12	5000	3
60	3	6000	15
70	13	7000	8
80	4	8000	1
90	14	9000	13
100	5	10000	6

Usage de ladite Table.

IL faut prendre dans ladite Table les nombres qui sont vis à-vis des milles, des cens, des dixaines & des unitez, lesquels faut ajoûter ensemble, y ajoûtant encore une unité comme il est dit au haut de ladite Table, & diviser le tout par 19, ou bien rejetter tout les 19, & le restant sera le Nombre d'Or requis, mais s'il ne reste rien, le Nombre d'Or sera 19.

Exemple.

En l'année 1694, on demande combien il y aura de Nombre d'Or.

Pour ce faire, il faut chercher dans ladite Table vis à-vis de 1000, & on en trouvera 12, qu'il faut écrire vis à-vis de 1000, comme il est represénté cy aprés pour former une regle d'addition, item faut chercher dans ladite Table, vis-à-vis de 600, & on trouve onze, qu'il faut écrire sous 12, au droit de 600, item faut encore chercher dans ladite Table vis à vis de 90, & on trouvera 14, qu'il faut écrire sous 11, au droit de 90, item faut chercher dans ladite Table 4, & on trouvera vis-à-vis 4, qu'il faut écrire sous 14, au droit de 4 ; finalement il faut encore écrire 1 sous 4, comme il est marqué au haut de ladite Table, puis ajoûter le tout ensemble 42, dont il en faut ôter deux fois 19, reste 4 pour le Nombre d'Or de ladite année 1694.

1000	12
600	11
90	14
4	4
ajoûtez	1
	42
	38
	4 de Nombre d'Or.

Autre Exemple.

En l'année 1842, on demande combien il y aura de Nombre d'Or.

Travaillant comme il est dit en l'Exemple precedente, on trouvera 19 de Nombre d'Or pour ladite année 1842.

1000	12
800	2
40	2
2	2
ajoûtez	1
de Nombre d'Or	19

Autre Exemple.

En l'année 3539, on demande combien il y aura de Nombre d'Or.

Travaillant comme il est dit, on trouvera 6 de nombre d'Or pour ladite année 3539.

3000	17
500	6
30	11
9	9
ajoûtez	1
	44
	38
	6 de Nombre d'Or.

Autre

Autre Exemple.

En l'année 6267, on demande combien il y aura de Nombre d'Or.

Travaillant comme il eſt dit, on trouvera 17 de nombre d'Or pour ladite année 6267.

6000	15
200	10
60	3
7	7
ajoûtez	1
	36
	19
	17 de Nombre d'Or.

Autre methode pour trouver le Nombre d'Or de quelqu'année proposée.

IL ſe rencontre fort ſouvent des perſonnes qui ne ſçavent point l'Arithmetique, même ni lire ny écrire ; c'eſt pourquoi il leur faut donner quelque moyen facile & prompt pour trouver le Nombre d'Or ſans plume.

Il faut ôter les milles & les cens de l'année propoſée, & ajoûter au reſtant le Nombre d'Or de la premiere année du ſiecle courant, puis diviſer le tout par 19, ou bien rejetter tous les 19, & le reſte ſera le Nombre d'Or requis ; s'il ne reſte rien le Nombre d'Or ſera 19. Pour plus grande facilité il faut rejetter tous les 20 & reprendre autant de fois 1 qu'on aura ôté de fois 20, leſquelles unitez faut ajoûter au reſtant, & on aura le Nombre d'Or requis.

En l'année ſeculaire 1600 il y avoit 5 de Nombre d'Or : c'eſt pourquoy il y a pluſieurs perſonnes, même beaucoup de nations, qui (aprés avoir ôté les milles & les cens de leur année propoſée) ajoûtent 5 au reſtant, & diviſent le tout par 19 pour avoir leur Nombre d'Or, & il n'y en a pas un de tous tant qu'ils ſont qui puiſſe dire d'où vient ce 5 qu'ils ajoûtent, & pourquoi plûtoſt ce nombre 5 qu'un autre nombre ; & c'eſt ce que je veux faire voir, aprés avoir dit qu'année ſeculaire eſt la premiere année du ſiecle qui court : comme l'année 1600 eſt appellée année ſeculaire, à cauſe que c'eſt la premiere du ſiecle preſent.

En l'année 1500 il y avoit 19 de Nombre d'Or, 5 en l'année 1600, en 1700 il y en aura 10, en 1800 il y en aura 15, & partant chaque année ſeculaire augmente de 5 de Nombre d'Or : & pour preuve il faut diviser 100 années (qui font un siecle) par 19, il restera 5, & partant chaque année seculaire differe l'une de l'autre de 5 de Nombre d'Or.

C'est donc ici la methode la plus facile pour trouver le Nombre d'Or, sçachant au certain le Nombre d'Or de la premiere année du siecle qui court, lequel est tres facile à trouver par les deux premieres Methodes ; Mais pour satisfaire ceux qui sont curieux de diversité, je leur veux donner quelqu'autres moyens pour le Nombre d'Or de quelqu'année seculaire seulement.

Pour trouver le Nombre d'Or de quelqu'année seculaire proposée.

53.	15.	72.	34.

APrés avoir retranché ou couppé les deux dernieres figures de l'année seculaire donnée, il faut ôter un desdits nombres ci-dessus de ladite année, puis multiplier le reste par 5 & diviser le produit par 19, il restera le Nombre d'Or de l'année seculaire donnée, & s'il ne reste rien le Nombre d'Or sera 19.

Exemple.

En l'année seculaire 1900, on demande combien il y auroit de Nombre d'Or.

Pour ce faire, il faut couper les deux dernieres figures de 1900, reste 19, dont il en faut ôter 15 (pris dans ladite Table) reste 4, qu'il faut multiplier par 5, vient au produit 20, dont il en faut ôter 19, reste un pour le Nombre d'Or de ladite année 1900.

Autre Exemple.

En l'année seculaire 2600, on demande combien il y aura de Nombre d'Or.

Pour ce faire, il faut coupper les deux dernieres figures de 2600, reste 26, dont il en faut ôter 15 (pris dans ladite Table) reste 11, qu'il faut multiplier par 5, vient au produit 55, dont il faut ôter 38, qui vallent deux fois 19, reste 17 pour le nombre d'Or de ladite année seculaire 2600.

Autre Exemple.

En l'année feculaire 4700, on demande combien il y aura de Nombre d'Or.

Pour ce faire, il faut coupper les deux dernieres figures de 4700, refte 47, dont il en faut ôter 34 (pris dans ladite Table) refte 13, qu'il faut multiplier par 5, vient au produit 65, qu'il faut divifer par 19, refte 8 pour le Nombre d'Or de ladite année feculaire 4700.

Autre Methode pour trouver le Nombre d'Or d'une année feculaire proposée par la Table fuivante.

APrés avoir ôté les deux dernieres figures de l'année feculaire donnée, il faut ôter un des nombres compris dans la colomne A du reftant de l'année propofée; fi ce qui reftera ne paffe point 19, il le faut chercher dans la colomne B & donnera en la colomne C le nombre requis.

A	B	C
19	0	1
38	1	6
57	2	11
76	3	16
95	4	2
114	5	7
133	6	12
152	7	17
171	8	3
190	9	8
209	10	13
228	11	18
247	12	4
265	13	9
285	14	14
304	15	19
325	16	5
342	17	10
361	18	15

Si ledit reftant paffe 19, il le faudra divifer par 19, ou bien rejetter tous les 19, & le reftant étant cherché dans la colomne B donnera en la colomne C le Nombre d'Or requis.

Si on ne peut point ôter un nombre de la colomne A des deux figures reftées, faut feulement chercher lefdites deux figures reftées en la colomne B, & donneront en la colomne C le nombre d'Or requis.

Exemple.

En l'année feculaire 2300, on demande combien il y aura de Nombre d'Or

Pour ce faire, il faut couper les deux dernieres figures de 2300, refte 23, dont il en faut ôter 19, pris dans ladite Table dans la colomne A, refte 4, qu'il faut chercher dans la colomne B, & on trouvera vis à-vis en la colomne C 2 de Nombre d'Or pour ladite année feculaire 2300.

Autre Exemple.

En l'année 4300 : on demande combien il y aura de Nombre d'Or.

Pour ce faire, faut coupper les deux dernieres figures de 4300, reste 43, dont il en faut ôter 38 (pris dans ladite Table en la colomne A) reste 5 qu'il faut chercher en la colomne B, & donnera en la colomne C 7 de Nombre d'Or pour ladite année 4300.

Autre Exemple.

En l'année 6900, on demande combien il y aura de Nombre d'Or.

Pour ce faire, faut coupper les deux dernieres figures de 6900, reste 69, dont il en faut ôter 57, pris dans ladite Table en la colomne A, reste 12, qu'il faut chercher en la colomne B, & donnera 4 en la colomne C pour le Nombre d'Or de ladite année feculaire 6900.

Autre Exemple.

En l'année feculaire 9300, on demande combien il y aura de Nombre d'Or.

Pour ce faire, il faut coupper les deux dernieres figures de 9300, reste 93, dont il en faut ôter 76, pris en la colomne A, reste 17, qu'il faut chercher en la colomne B, & donnera en la colomne C 10 de Nombre d'Or pour ladite année feculaire 9300.

Notez que si j'avois pris 38 dans la colomne A pour l'ôter de 93, il auroit resté 55, qu'il auroit fallu diviser par 19 pour avoir 17 de restant : mais prenant le prochain moindre il ne faut rien diviser.

Autre methode pour trouver le Nombre d'Or de quelqu'année feculaire proposée.

IL faut coupper les deux dernieres figures de l'année feculaire donnée, comme il est dit ci-devant, puis multiplier le reste par 5, ajoûtant un au produit, & diviser le tout par 19, ou bien rejetter tous les 19, le restant sera le Nombre d'Or requis ; mais s'il ne reste rien le Nombre d'Or sera 19.

Exemple.

Exemple.

En l'année feculaire 2700, on demande combien il y aura de Nombre d'Or.

Pour ce faire, il faut couper les deux dernieres figures de 2700, refte 27, qu'il faut multiplier par 5, vient au produit 135, auquel faut ajoûter 1, vient 136, qu'il faut divifer par 19, refte 3 pour le Nombre d'Or de ladite année feculaire 2700.

Autre Exemple.

En l'année feculaire 4300, on demande combien il y aura de Nombre d'Or.

Pour ce faire, faut coupper les deux dernieres figures de 4300, refte 43, qu'il faut multiplier par 5, vient au produit 215, auquel faut ajoûter 1, font enfemble 216, qu'il faut divifer par 19, refte 7 pour le Nombre d'Or de ladite année feculaire 4300.

Autre Exemple.

En l'année feculaire 7200, on demande combien il y aura de Nombre d'Or.

Pour ce faire, il faut coupper les deux dernieres figures de 7200, refte 72, qu'il faut multiplier par 5, vient au produit 360, auquel faut ajoûter 1, font enfemble 361, qu'il faut divifer par 19, refte rien : & partant le Nombre d'Or de ladite année feculaire 7200 eft 19.

Voilà plufieurs moyens que j'ai inventez pour trouver le Nombre d'Or d'une année feculaire donnée ; j'en aurois pû donner encor plufieurs, mais je les ai obmifes de peur de donner de l'ambaras aux curieux. Il faut donner quelques exemples fur la troifiéme Methode, où l'on ôte (fans plume) les milles & les cens de l'année propofée, ajoûtant au reftant le Nombre d'Or de l'année feculaire courante, puis on en rejette tous les 19, & le refte donne le Nombre d'Or, & s'il ne refte rien, le Nombre d'Or eft 19.

Exemple.

En l'année 1667, on demande combien il y avoit de Nombre d'Or.

Pour ce faire, il faut ôter les milles & les cens de 1667, reste 67, auquel faut ajoûter 5 de Nombre d'Or de l'année seculaire 1600, font ensemble 72, dont il faut ôter 57, qui vaut trois fois 19, reste 15 pour le Nombre d'Or de l'année 1667.

Autre Exemple.

En l'année 1935, on demande combien il y aura de Nombre d'Or.

Pour ce faire, il faut ôter les milles & les cens de 1935, reste 35, auquel faut ajoûter un de Nombre d'Or de l'année seculaire 1900, font ensemble 36, dont il en faut ôter 19, reste 17 pour le Nombre d'Or de ladite année 1935.

Autre Exemple.

En l'année 3653, on demande combien il y aura de Nombre d'Or.

Pour ce faire, il faut ôter les milles & les cens de 3653, reste 53, auquel faut ajoûter 10, qui est le Nombre d'Or de l'année seculaire 3600, font ensemble 63, dont il en faut ôter 57 (qui vallent trois fois 19) reste 6 pour le Nombre d'Or de ladite année 3653.

Autre Exemple.

En l'année 6375, on demande combien il y aura de Nombre d'Or.

Pour ce faire, il faut ôter les milles & les cens de 6375, reste 75, auquel faut ajoûter 12 de Nombre d'Or de l'année seculaire 6300, font ensemble 87, qu'il faut diviser par 19, reste 11 pour le Nombre d'Or de ladite année 6375.

A present le Nombre d'Or ne sert qu'à trouver l'Epacte ; mais on s'en servoit anciennement dans les Calendriers pour trouver les nouvelles Lunes, comme il se voit encor dans l'ancien Calendrier Ecclesiastique qui a subsisté jusqu'à la correction Gregorienne.

DE L'EPACTE.

CHAPITRE II.

IL faut considerer l'an civil ou politique de 365 jours 6 heures, & chaque mois synodique ou lunaire de 29 jours & demi viron, dont les 12 mois lunaires font ensemble 354 jours, qu'il faut ôter de 365 jours de l'an civil, reste 11 jours qu'on appelle Epacte. Tellement qu'Epacte n'est autre chose que la difference qu'il y a entre l'an civil & l'an lunaire. Ce Nombre de 11 jours se doit ajoûter tous les ans avec l'Epacte, laquelle ne passe point 30 (qui est un mois lunaire embolismique,) car s'il passe 30 il en faut ôter les 30 & prendre le reste pour l'Epacte requise. De sorte qu'en l'année 1654 il y avoit 12 d'Epacte, ajoûtez 11 avec 12, font ensemble 23 pour l'Epacte de l'année 1655, ajoûtez encor 11 avec 23, font ensemble 34, dont il en faut ôter 30, reste 4, qui sont plus que le mois lunaire embolismique, & partant il y avoit 4 d'Epacte en l'année 1656. Il faut donc ajoûter toûjours 11 d'an en an, jusqu'à ce qu'on soit parvenu à l'Epacte 19, qui correspond à 19 de Nombre d'Or; mais il faut prendre garde qu'en l'année où il y aura 19 d'Epacte, ce sera la derniere année du Cycle Lunaire, & partant ceux qui voudront avoir l'Epacte de l'année prochaine ajoûtront 12 au lieu de 11 avec 19, viendra 31, dont il en faudra ôter 30, restera 1 d'Epacte, qui correspond à 1 de Nombre d'Or, afin d'évaluer les fractions d'heures qui ont été negligées pendant la durée de 19 années qui est un cycle lunaire.

Pour trouver l'Epacte de quelqu'année proposée selon l'ancien & nouveau Calendrier le Nombre d'Or étant connu.

IL faut multiplier le Nombre d'Or par 11, viendra au produit l'Epacte requise; si le produit passe 30 il faut rejetter tous les 30 & le reste donnera l'Epacte selon l'ancien Calendrier. Si on veut l'Epacte selon le nouveau Calendrier. Il faut ôter 10 jours de l'Epacte trouvée par l'ancien à cause de la correction Gregorienne: mais si l'Epacte de l'ancien Calendrier est moindre de 10 il y faut ajoûter 30 pour en pouvoir ôter plus aisément les 10 jours de retranchement; & restera l'Epacte requise selon le nouveau Calendrier.

Autrement, par le nouveau Calendrier seulement.

Faut multiplier le Nombre d'Or par 11 & ajoûter 20 au produit, puis diviser le tout par 30, ou bien rejetter les 30, & restera l'Epacte requise selon le nouveau Calendrier, de laquelle on ne commence à se servir qu'au premier jour de Mars de chaque année : pendant le reste de ce siecle si il ne reste rien aprés la division l'Epacte sera un.

Exemple.

En l'année 1654, Il y avoit 2 de Nombre d'Or, on demande combien il y avoit d'Epacte.

Pour ce faire, il faut multiplier 2 de Nombre d'Or par 11, produit 22 pour l'Epacte requise selon l'ancien stile : mais suivant le stile nouveau ou Calendrier Gregorien, il faut soustraire 10 jours de retranchement de 22, reste 12 pour l'Epacte de l'année 1654.

Autrement, par le nouveau stile.

Faut encor multiplier 2 de Nombre d'Or par 11 vient au produit 22, auquel faut ajoûter 20, font ensemble 42, dont il en faut ôter 30, reste 12 pour l'Epacte requise.

Autre Exemple.

En l'année 1669, il y avoit 17 de Nombre d'Or, on demande combien il y avoit d'Epacte.

Pour ce faire, il faut multiplier 17 par 11, vient 187, qu'il faut diviser par 30, reste 7 pour l'Epacte requise selon l'ancien Calendrier : mais selon le nouveau il faut ôter 10 jours de retranchement des 7, ce qui ne se peut, il faut donc ajoûter 30 avec 7, font ensemble 37, dont on en peut ôter aisément 10 jours de retranchement, reste 27 pour l'Epacte de ladite année 1669 selon le nouveau Calendrier.

Autrement, selon le nouveau Calendrier.

Faut encor multiplier 17 par 11, vient au produit 187, auquel faut ajoûter 20, font ensemble 207, qu'il faut diviser par 30, reste 27 pour l'Epacte requise selon le nouveau Calendrier.

Autre

Autre Exemple.

En l'année 1687, il y avoit 16 de Nombre d'Or, on demande combien il y avoit d'Epacte.

Pour ce faire, il faut multiplier 16 par 11, vient au produit 176, qu'il faut diviser par 30, reste 26 pour l'Epacte requise selon l'ancien Calendrier: mais par le nouveau il faut ôter 10 de 26, reste 16 pour l'Epacte de ladite année 1687 selon le Calendrier Gregorien.

Autrement, par le même Calendrier nouveau.

Faut encor multiplier 16 par 11, vient au produit 176, auquel faut ajoûter 20, font ensemble 196, qu'il faut diviser par 30, reste 16 pour l'Epacte requise selon le nouveau Calendrier.

Autre moyen pour trouver l'Epacte le Nombre d'Or étant connu.

Ancien Calendrier	10	20	0
Nouveau Calendrier	0	10	20

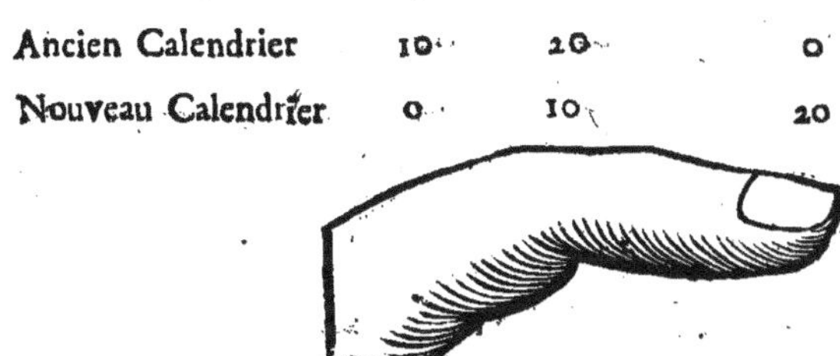

Cette methode est tres-facile, prompte & sans plume, en supposant 0 sur la racine du pouce, 10 sur la jointure du milieu, & 20 sur l'ongle, puis compter le Nombre d'Or sur les trois marques du Pouce, commençant à compter 1 sur la racine, 2 sur la jointure, & 3 sur l'ongle; Item 4 sur la racine, 5 sur la jointure, & 6 sur l'ongle; continuant ainsi sur les trois marques du Pouce jusqu'au Nombre d'Or donné: Si le Nombre d'Or donné tombe sur la racine du Pouce où est marqué 0, l'Epacte sera égalle au Nombre d'Or, s'il tombe sur la jointure où est écrit 10, il faut ajoûter 10 avec le Nombre d'Or donné, & on aura l'Epacte requise; mais si le Nombre d'Or tombe sur l'ongle où est marqué 20, il faut ajoûter 20 avec le Nombre d'Or, & on aura l'Epacte requise suivant le nouveau Calendrier. Or si on veut l'Epaϐte ſelon l'ancien Calendrier, il faut poſer 10 ſur la racine du pouce, 20 ſur la jointure & o ſur l'ongle, puis compter le Nombre d'Or ſur les trois marques du pouce comme il eſt dit ci-devant, & on aura l'Epaϐte requiſe ſelon l'ancien Calendrier.

Notez que ſi (aprés avoir ajoûté le Nombre d'Or avec ce qui c'eſt rencontré ſur une des trois marques du pouce) le tout paſſe 30, il faut rejetter les 30 & prendre le reſte pour l'Epaϐte requiſe, tant par le Calendrier Gregorien que par l'ancien.

Exemple.

En l'année 1659, il y avoit 7 de Nombre d'Or, on demande combien il y avoit d'Epaϐte.

Pour ce faire, il faut compter ſur les trois marques du pouce 7 de Nombre d'Or ſelon le nouveau Calendrier, lequel ſe rencontre ſur la racine du pouce où eſt marqué o, & partant l'Epaϐte de ladite année 1659 étoit 7.

Par l'ancien Calendrier.

Le Nombre d'Or 7 ſe rencontre ſur la racine du pouce où eſt 10, c'eſt pourquoi il faut ajoûter 10 avec 7, font enſemble 17 pour l'Epaϐte requiſe.

Autre Exemple.

En l'année 1663 il y avoit 11 de Nombre d'Or: on demande combien il y avoit d'Epaϐte.

Pour ce faire, il faut compter 11 de Nombre d'Or ſur les trois marques du pouce ſelon le nouveau Calendrier, & ſe rencontre ſur la jointure du milieu où eſt marqué 10, qu'il faut ajoûter avec 11 de Nombre d'Or, font enſemble 21 pour l'Epaϐte de ladite année 1663.

Par l'ancien Calendrier.

Le Nombre d'Or de ladite année étant 11 ſe rencontre ſur la jointure du milieu où eſt marqué 20, qu'il faut ajoûter avec 11 de Nombre d'Or, font enſemble 31, dont il en faut ôter 30, reſte 1 pour l'Epaϐte requiſe.

Autre Exemple.

En l'année 1689, il y avoit 18 de Nombre d'Or : on demande combien il y avoit d'Epacte.

Pour ce faire, faut compter 18 de Nombre d'Or sur les trois marques du pouce selon le nouveau Calendrier & se rencontre sur l'ongle où est 20, qu'il faut ajoûter avec 18, font ensemble 38, dont il en faut ôter 30, reste 8 pour l'Epacte de ladite année 1689.

Par l'ancien Calendrier.

Le Nombre d'Or 18 tombant sur l'ongle où est marqué o, l'Epacte requise est 18.

Voilà deux moyens pour trouver l'Epacte de quelque année proposée le Nombre d'Or étant connû, qui ne serviront que durant le reste du Siecle present; mais il est à propos de faire voir comme on la peut trouver dans tous les siecles à venir même à perpetuité, & auparavant il faut se ressouvenir que j'ai dit au Chapitre precedent que les nouvelles Lunes ne reviennent pas tous les ans au même jour où elles se sont faites l'année precedente, mais seulement de dix-neuf ans en dix neuf ans, encor ne reviennent-elles pas au même instant : car pendant 19 ans icelles nouvelles Lunes s'avançent d'une heure 27 minutes 33 secondes 20 tierces 22 quarts & 44 quintes (selon l'opinion d'Origanus, laquelle est suivie de la plus part des Autheurs modernes) qui vallent 24 heures en 312 années Solaires & demie : Or comme c'est un nombre bien rompu que 312 ans & demi, on l'a reduit seulement en 300 ans; c'est à dire que tous les 300 ans, on reforme l'Epacte d'un jour; mais quand on a compté sept fois 300 ans on est 400 ans pour compter encor un jour, afin que les douze ans & demi obmis se trouvent compris : tellement qu'en 2500 années, (qui sont composées de sept fois 300 ans & d'une fois 400 ans) l'Epacte est reformée de huit jours, ce qu'on appelle *anticipation* de la Lune; c'est le sujet dont je veux traiter aprés la Table suivante.

	Années seculaires.	Nombre d'Or.	Iours de retranchement.	Anticipation de la Lune.	Iours d'anticipation de la Lune.	Iours de l'equation de la Lune	Epactes primitives.
B	1600	5	10	0	0	0	1
	1700	10	11	0	0	1	0
	1800	15	12	☾ 1	1	1	0
	1900	1	13	0	1	2	29
B	2000	6	13	0	1	2	29
	2100	11	14	1	2	2	29
	2200	16	15	0	2	3	28
	2300	2	16	0	2	4	27
B	2400	7	16	1	3	3	28
	2500	12	17	0	3	4	27
	2600	17	18	0	3	5	26
	2700	3	19	1	4	5	26
B	2800	8	19	0	4	5	26
	2900	13	20	0	4	6	25
	3000	18	21	1	5	6	25
	3100	4	22	0	5	7	24
B	3200	9	22	0	5	7	24
	3300	14	23	1	6	7	24
	3400	19	24	0	6	8	23
	3500	5	25	0	6	9	22
B	3600	10	25	1	7	8	23
	3700	15	26	0	7	9	22
	3800	1	27	0	7	10	21
	3900	6	28	1	8	10	21
B	4000	11	28	0	8	10	21
	4100	16	29	0	8	11	20
	4200	2	30	0	8	12	19
	4300	7	31	☾ 1	9	12	19
B	4400	12	31	0	9	12	19
	4500	17	32	0	9	13	18
	4600	3	33	1	10	13	18
	4700	8	34	0	10	14	17
B	4800	13	34	0	10	14	17
	4900	18	35	1	11	14	17
	5000	4	36	0	11	15	16
	5100	9	37	0	11	16	15
B	5200	14	37	1	11	15	16
	5300	19	38	0	12	16	15
	5400	5	39	0	12	17	14
	5500	10	40	1	13	17	14
B	5600	15	40	0	13	17	14
	5700	1	41	0	13	18	13
	5800	6	42	1	14	18	13
	5900	11	43	0	14	19	12

	Années seculaires.	Nombre d'Or.	Iours de retranchement.	Anticipation de la Lune.	Iours d'anticipation de la Lune.	Iours de l'équation de la Lune	Epactes primitives.
B	6000	16	43	0	14	19	12
	6100	2	44	1	15	19	12
	6200	7	45	0	15	20	11
	6300	12	46	0	15	21	10
B	6400	17	46	1	16	20	11
	6500	3	47	0	16	21	10
	6600	8	48	0	16	22	9
	6700	13	49	0	16	23	8
B	6800	18	49	☾ 1	17	22	9
	6900	4	50	0	17	23	8
	7000	9	51	0	17	24	7
	7100	14	52	1	18	24	7
B	7200	19	52	0	18	24	7
	7300	5	53	0	18	25	6
	7400	10	54	1	19	25	6
	7500	15	55	0	19	26	5
B	7600	1	55	0	19	26	5
	7700	6	56	1	20	26	5
	7800	11	57	0	20	27	4
	7900	16	58	0	20	28	3
B	8000	2	58	1	21	27	4
	8100	7	59	0	21	28	3
	8200	12	60	0	21	29	2
	8300	17	61	1	22	29	2
B	8400	3	61	0	22	29	2
	8500	8	62	0	22	30	1
	8600	13	63	1	23	30	1
	8700	18	64	0	23	31	0
B	8800	4	64	0	23	31	0
	8900	9	65	1	24	31	0
	9000	14	66	0	24	32	29
	9100	19	67	0	24	33	28
B	9200	5	67	0	24	33	28
	9300	10	68	☾ 1	25	33	28
	9400	15	69	0	25	34	27
	9500	1	70	0	25	35	26
B	9600	6	70	1	26	34	27
	9700	11	71	0	26	35	26
	9800	16	72	0	26	36	25
	9900	2	73	1	27	36	25
B	10000	7	73	0	27	36	25

Explication de la Table precedente.

LA premiere Colomne marque les années feculaires depuis 1600 jufqu'à 10000.

La feconde contient le Nombre d'Or de chaque année feculaire, ainfi qu'il eft enfeigné au premier Chapitre.

La troifiéme Colomne contient les jours de retranchement, voyons ce que c'eft. En l'année 1582 le Pape Gregoire treiziéme fit affembler les plus experimentez Aftronomes qu'il put trouver, afin de réformer le Calendrier, attendu que l'an Civil ne s'accordoit plus avec l'an Solaire, & que les Fêtes mobiles avoient changé leur cours ordinaire. Alors il fut conclu qu'il falloit retrancher 10 jours, & par ainfi l'année 1582 ne fut composée que de 355 jours ; & ce retranchement a duré jufqu'à prefent, & durera jufqu'à la fin du fiecle prefent. D'orénavant de quatre années feculaires en quatre années feculaires, les trois premieres feront composées chacune de 365 jours, & ne feront point biffextile, c'eft pourquoi on retranchera un jour de chacune ; mais la quatriéme fera biffextile & composée de 366 jours, alors il ne s'y fera point de retranchement : Comme par exemple, pendant les quatre années feculaires 1700, 1800, 1900 & 2000, il y aura un jour de retranchement en chacune des trois années feculaires 1700, 1800, & 1900, à caufe qu'elles feront composées chacune de 365 jours & qu'elles ne feront point biffextile, dont les trois jours retranchez étans ajoûtez avec les 10 jours qui furent retranchez en l'année 1582 au mois d'octobre, font enfemble 13 jours de retranchement. La quatriéme année feculaire 2000 fera composée de 366 jours & biffextile, c'eft pourquoi il ne fe fera point de retranchement pendant ladite année feculaire, & on ne comptera que 13 jours de retranchement, comme on fera pendant l'année feculaire 1900. Voila ce qu'on appelle jours de retranchement.

La quatriéme Colomne contient l'anticipation de la Lune, qui denote que tous les 2500 années feculaires la Lune s'avance & anticipe de huit jours ; c'eft pourquoi j'ai marqué en ladite Colomne deux zero en deux années feculaires, & un jour en la troifiéme, ce que j'ai repeté par fept fois, qui font 2100 années feculaires, puis aprés j'ai marqué trois zero dans les trois années feculaires fuivantes & un jour en la quatriéme ; de forte que le tout marque huit jours & 2500 années feculaires : puis recommencer en continuant fuitamment de la même maniere, & la fin de chaque periode eft diftingué par une marque en forme de croiffant.

En la cinquiéme Colomne j'ai fait une addition de tous les jours d'anticipation, afin qu'on neut point la peine de compter toutes les unitez depuis le commencement jusqu'à l'année seculaire proposée.

En la sixiéme Colomne sont les jours de l'équation de la Lune, qui est composée des jours de retranchement & des jours d'anticipation. Voici la maniere qu'on la compose : Il faut toûjours ôter les jours de l'anticipation des jours de retranchement, & du reste en ôter encor 10 jours de retranchement du siecle 1600, & le reste sera les jours de l'équation de la Lune.

La septiéme & derniere Colomne comptient les Epactes primitives, c'est à dire l'Epacte qui correspond à un de Nombre en chaque siecle, comme pendant le siecle present 1600, il y a toûjours eu un d'Epacte a un de Nombre d'Or & partant l'Epacte primitive du siecle present 1600 est un. En l'année seculaire 1700, il n'y aura point d'Epacte à un de Nombre d'Or, à cause qu'il y aura un jour de retranchement à ôter de l'Epacte, & par ainsi l'Epacte primitive du siecle 1700 sera 0. En l'année seculaire 1800 il y aura encor un jour de retranchement à ôter de l'Epacte, mais il y aura aussi un jour d'anticipation à diminuer des jours de retranchement, & partant l'Epacte primitive du siecle 1800 (correspondante à un de Nombre d'Or) sera 0, aussi bien qu'au siecle 1700. En l'année seculaire 1900 l'Epacte primitive sera 29, à cause qu'il y aura un jour de retranchement. Mais en l'année seculaire 2000, là où il n'y aura point de retranchement à cause qu'elle sera bissextile & partant l'Epacte primitive sera encor 29. En l'année seculaire 2100, il y aura retranchement & anticipation, c'est pourquoi l'Epacte primitive de ce siecle sera encor 29. en l'année seculaire 2200 il y aura seulement retranchement, & par ainsi l'Epacte primitive de ce siecle sera 28. En l'année seculaire 2300, l'Epacte primitive sera 27, à cause du retranchement: Mais en l'année seculaire 2400 là où il y aura anticipation & point de retranchement, à cause de la bissexte l'Epacte primitive remontera & sera 28.

C'est où il faut bien prendre garde, & ne pas negliger l'anticipation de la Lune en observant les jours de retranchement, ce qui m'a obligé à pousser ma Table jusqu'à 10000 années seculaires, afin de faire connoître toutes les circonstances qu'il faut observer, je ne dis pas que cela continuë toûjours de même ; car au bout de trente ou quarante milles années seculaires il s'y pourra trouver quelque revolution, mais d'ici à 9000 ou 10000 années seculaires cette Table pourra garder sa justesse sans erreur considerable : c'est pourquoi je l'ai terminée à 10000 années seculaires. S'il y a quelque curieux qui la veule étendre plus loin en se divertissant, je lui veux donner les moyens pour trouver les jours de retranchement, d'anticipation & l'équation de la Lune, avec les Epactes primitives par regle d'Arithmetique & à perpetuité sans la Table precedente.

Pour trouver les jours de retranchement d'une Année seculaire proposée.

IL faut remarquer pour regle generale qu'en toutes les operations suivantes on se servira presque toûjours de l'année seculaire 1600, aprés en avoir ôté les deux dernieres figures, de sorte qu'il ne reste plus que 16, & faire la même chose de l'année seculaire proposée. Pour donc trouver les jours de retranchement, il faut ôter 16 des centaines de l'année seculaire proposée, & diviser le reste par 4, puis multiplier le quotient par 3, ajoûtant le reste de la division au produit; cela fait il faut encor ajoûter à la somme les 10 jours de retranchement de l'année seculaire 1600, & le tout donnera les jours de retranchement de l'année seculaire proposée.

Autrement.

Aprés avoir soustrait 16, il faut ôter le quart du restant, sans avoir égard à la fraction, puis ajoûter 10 au reste, il viendra les jours de retranchement requis.

Exemple.

En l'année seculaire 2600, on demande combien il y aura de jours de retranchement.

Pour ce faire, il faut ôter 16 de 26, reste 10, qu'il faut diviser par 4, vient au quotient 2 & reste 2, faut à present multiplier 2 par 3, vient au produit 6, auquel faut ajoûter 2 qui restent de la division, & 10 de retranchement du siecle 1600 ou seiziéme siecle, font ensemble 18 jours de retranchement pour l'année seculaire 2600 que dureront jusqu'à la fin dudit siecle.

Autrement.

Aprés avoir ôté 16 de 26, reste 10 dont il en faut ôter le quart qui est 2, reste 8, auquel faut ajoûter 10 comme ci-devant, font ensemble 18 pour le requis.

Autre Exemple.

En l'année seculaire 8400, on demande combien il y aura de jours de retranchement.

Pour

Pour ce faire, il faut ôter 16 de 84, reste 68, qu'il faut diviser par 4 vient au quotient 17, lequel faut multiplier par 3, vient au produit 51, auquel faut ajoûter 10, font ensemble 61 pour les jours de retranchement du siecle 8400.

Autrement.

Faut ôter le quart de 68, reste 51, auquel faut ajoûter 10 font ensemble 61 pour le requis.

Autre Exemple.

En l'année seculaire 27300, on demande combien il y aura de jours de retranchement.

Pour ce faire, il faut ôter 16 de 273, reste 257, qu'il faut diviser par 4, vient au quotient 64, & reste un, faut donc multiplier 64 par 3, vient au produit 192, auquel faut ajoûter un qui reste & puis encor 10, tous ces trois nombres font ensemble 203 pour les jours de retranchement requis.

Autrement.

Faut ôter le quart de 257, reste 193, auquel faut ajoûter 10, font ensemble 203 pour le requis.

Pour trouver les jours d'Anticipation de la Lune de quelqu'année seculaire proposée.

IL faut ôter 16 de l'année seculaire donnée, puis multiplier le restant par 8 & diviser le produit par 25, & le quotient donnera les jours d'anticipation requis; ce qui se fait plus aisément par la regle d'Or, en disant si 25 donne 8 combien donnera le restant, il viendra le requis: Mais il faut remarquer que si le restant de la division passe 8, il faut augmenter le restant d'une unité, & viendra le requis.

Exemple.

En l'année seculaire 3400, on demande combien il y aura de jours d'Anticipation de la Lune.

Pour ce faire il faut ôter 16 de 34, reste 18, puis dire par la regle dOr, si 25 donne 8 combien donnera 18 : multipliez & divisez, il viendra au quotient 5, mais le restant de la division est 19, & par consequent il passe 8, c'est pourquoi il faut ajoûter un avec 5, font ensemble 6 jours pour l'Anticipation de la Lune pour le siecle 3400.

Autre Exemple.

En l'année seculaire 7600, on demande combien il y aura de jours d'anticipation de la Lune.

Pour ce faire il faut ôter 16 de 76, reste 60, puis dire par la regle d'Or, si 25 donne 8, combien donnera 60 : multipliez & divisez il viendra 19, & il ne reste rien de la division : partant pendant le siecle 7600 il y aura 19 jours d'anticipation de la Lune.

Autre Exemple.

En l'année seculaire 23800, on demande combien il y aura de jours d'Anticipation de la Lune.

Pour ce faire il faut ôter 16 de 238, reste 222, puis dire par la regle d'Or, si 25 donne 8, combien donnera 222 : multipliez & divisez il viendra 71, & reste un ; partant pendant le siecle 23800, il y aura 71 jours d'Anticipation de la Lune.

Pour trouver les jours de l'Equation de la Lune : les jours de Retranchement & d'Anticipation étant connus.

IL faut seulement soustraire les jours d'anticipation de la Lune des jours de retranchement, & du reste en ôter 10 jours de retranchement du siecle 1600, & ce qui restera sera les jours de l'Equation de la Lune requise.

Exemple.

En l'année seculaire 2900, il y aura 20 jours de retranchement & 4 jours d'anticipation : on demande combien il y a de jours de l'Equation de la Lune.

Pour ce faire, il faut ôter les 4 jours d'anticipation de 20 jours de retranchement, reste 16, dont il en faut ôter 10 jours de retranchement du siecle 1600, reste 6 jours pour l'Equation de la Lune requise.

Autre Exemple.

En l'année feculaire 6500 il y aura 47 jours de retranchement & 16 jours d'anticipation : on demande combien il y aura de jours d'Equation de la Lune.

Pour ce faire il faut ôter 16 jours de l'anticipation de 47 jours de retranchement, refte 31, dont il en faut ôter encor 10 jours de retranchement du fiecle 1600, refte 21 jour pour l'Equation requife.

Autre Exemple.

En l'année feculaire 9400 il y aura 69 jours de retranchement & 25 jours d'anticipation : on demande combien il y aura de jours de l'Equation de la Lune.

Pour ce faire, il faut ôter 25 jours d'Anticipation de 69 jours de retranchement, refte 44, dont il en faut encor ôter 10 jours de retranchement du fiecle 1600, refte 34 pour les jours de l'Equation de la Lune requife.

Pour trouver l'Epacte primitive de quelqu'Année feculaire proposée les jours de l'équation de la Lune étans connus.

IL faut toûjours ôter les jours de l'équation de la Lune de l'Epacte primitive du fiecle 1600, laquelle eft un ; or comme on ne peut ôter un nombre de l'unité, il faut ajoûter 30 avec un, font enfemble 31, dont on peut ôter l'équation de la Lune fi elle ne paffe point 30. mais fi l'équation paffe 30, il la faudra ôter de 61: de forte qu'il faudra toûjours ajoûter autant de fois 30 avec un d'Epacte primitive du fiecle 1600, qu'il fera neceffaire pour en ôter aifément l'équation de la Lune, & le refte fera l'Epacte primitive requife correfpondante à un de Nombre d'Or.

Exemple.

En l'année feculaire 4200 il y aura 12 jours d'équation : on demande qu'elle fera l'Epacte primitive.

Pour ce faire, il faut fouftraire 12 de 31, refte 19 pour l'Epacte primitive requife, tellement que pendant le fiecle 4200 toutesfois & quantes qu'il y aura un de Nombre d'Or l'Epacte fera 19.

Autre Exemple.

En l'année feculaire 9800 il y aura 36 jours d'équation de la Lune : on demande qu'elle fera l'Epacte primitive.

Pour ce faire, il faut ôter 36 de 61, refte 25 pour l'Epacte primitive requife.

Autre Exemple.

En l'année feculaire 27200 il y aura 110 jours d'équation : on demande qu'elle fera l'Epacte primitive.

Pour ce faire, il faut ôter 110 de 121 refte 11 pour l'Epacte primitive requife.

Pour trouver l'Epacte de quelqu'année propofée dans les fiecles à venir, l'équation de la Lune étant connuë.

IL faut chercher l'Epacte comme on fait dans le fiecle 1600, & quand elle fera trouvée il en faut ôter les jours de l'équation de la Lune, & fi on ne peut il faut ajoûter à ladite Epacte autant de fois 30 qu'il fera neceffaire pour en ôter aisément ladite équation, & le refte fera la veritable Epacte requife.

Exemple.

En l'année 2542 il y aura 4 jours de l'équation de la Lune : on demande combien il y aura d'Epacte.

Pour ce faire, il faut chercher le Nombre d'Or de ladite année, lequel fe trouve par les Loix du premier Chapitre de 16 qui donne 16 d'Epacte felon la methode de la trouver pendant le fiecle 1600, par le nouveau Calendrier : il faut donc ôter 4 jours d'équation de 16, refte 12 pour l'Epacte de ladite année 2542.

Autre Exemple.

En l'année 4756 il y aura 14 jours de l'équation de la Lune : on demande combien il y aura d'Epacte.

L'Epacte

L'Epacte s'étant trouvée de 7, il la faut ajoûter avec 30, font ensemble 37, dont il en faut ôter 14 jours d'equation reste 23 pour la veritable Epacte de l'année 4756.

Autre Exemple.

En l'année 16428, il y aura 63 jours de l'équation de la Lune : on demande combien il y aura d'Epacte.

L'Epacte s'étant trouvée de 13, il la faut ajoûter avec 60, font ensemble 73, dont il en faut ôter 63 jours d'équation, reste 10 pour l'Epacte de l'année 16428.

Autrement.

IL faut seulement trouver l'Epacte comme on la trouve pendant le siecle 1600 puis y ajoûter l'Epacte primitive, & du tout en ôter un qui est l'Epacte primitive du siecle 1600, & le reste sera l'Epacte requise, & si le tout passe 30 il les faut ôter & prendre le reste pour le requis.

Exemple.

En l'année 3757, il y aura 22 d'Epacte primitive : on demande combien il y aura d'Epacte.

Pour ce faire, il faut trouver l'Epacte comme on la trouve pendant le siecle 1600, & elle se trouve de 5, auquel faut ajoûter 22 d'Epacte primitive font ensemble 27, dont il en faut ôter un d'Epacte primitive de 1600, reste 26 pour l'Epacte requise.

Autre Exemple.

En l'année 5364, il y aura 15 d'Epacte primitive : on demande combien il y aura d'Epacte.

L'Epacte s'étant trouvée de 7, comme pour le siecle 1600, il faut donc ajoûter 7 d'Epacte, trouvée avec 15 d'Epacte primitive, font ensemble 22, dont il en faut ôter un, reste 21 pour l'Epacte requise.

J'Aurois pû donner encor davantage de moyens pour trouver l'Epacte dans les siecles à venir qui auroient pû être plus embarassans que les precedens, c'est pourquoi je me suis contenté de donner la Table suivante qui est un moyen le plus facile de tous.

Table generale de la ſuite des Epactes.

1	2	3	4	5	6	7	8	9	10	11	12	13	14	15	16	17	18	19
1	12	23	4	15	26	7	18	29	10	21	2	13	24	5	16	27	8	19
0	11	22	3	14	25	6	17	28	9	20	1	12	23	4	15	26	7	18
29	10	21	2	13	24	5	16	27	8	19	0	11	22	3	14	(25)	6	17
28	9	20	1	12	23	4	15	26	7	18	29	10	21	2	13	24	5	16
27	8	19	0	11	22	3	14	25	6	17	28	9	20	1	12	23	4	15
26	7	18	29	10	21	2	13	24	5	16	27	8	19	0	11	22	3	14
25	6	17	28	9	20	1	12	23	4	15	26	7	18	29	10	21	2	13
24	5	16	27	8	19	0	11	22	3	14	(25)	6	17	28	9	20	1	12
23	4	15	26	7	18	29	10	21	2	13	24	5	16	27	8	19	0	11
22	3	14	25	6	17	28	9	20	1	12	23	4	15	26	7	18	29	10
21	2	13	24	5	16	27	8	19	0	11	22	3	14	(25)	6	17	28	9
20	1	12	23	4	15	26	7	18	29	10	21	2	13	24	5	16	27	8
19	0	11	22	3	14	25	6	17	28	9	20	1	12	23	4	15	26	7
18	29	10	21	2	13	24	5	16	27	8	19	0	11	22	3	14	(25)	6
17	28	9	20	1	12	23	4	15	26	7	18	29	10	21	2	13	24	5
16	27	8	19	0	11	22	3	14	25	6	17	28	9	20	1	12	23	4
15	26	7	18	29	10	21	2	13	24	5	16	27	8	19	0	11	22	3
14	25	6	17	28	9	20	1	12	23	4	15	26	7	18	29	10	21	2
13	24	5	16	27	8	19	0	11	22	3	14	(25)	6	17	28	9	20	1
12	23	4	15	26	7	18	29	10	21	2	13	24	5	16	27	8	19	0
11	22	3	14	25	6	17	28	9	20	1	12	23	4	15	26	7	18	29
10	21	2	13	24	5	16	27	8	19	0	11	22	3	14	(25)	6	17	28
9	20	1	12	23	4	15	26	7	18	29	10	21	2	13	24	5	16	27
8	19	0	11	22	3	14	25	6	17	28	9	20	1	12	23	4	15	26
7	18	29	10	21	2	13	24	5	16	27	8	19	0	11	22	3	14	(25)
6	17	28	9	20	1	12	23	4	15	26	7	18	29	10	21	2	13	24
5	16	27	8	19	0	11	22	3	14	25	6	17	28	9	20	1	12	23
4	15	26	7	18	29	10	21	2	13	24	5	16	27	8	19	0	11	22
3	14	25	6	17	28	9	20	1	12	23	4	15	26	7	18	29	10	21
2	13	24	5	16	27	8	19	0	11	22	3	14	(25)	6	17	28	9	20

Explication & usage de la Table generale de la suite des Epactes.

AU haut de ladite Table est compris le Nombre d'Or depuis un jusqu'à 19, & en la premiere Colomne vers la main gauche sont compris toutes les Epactes primitives ; tellement que si on cherche l'Epacte de quelqu'année proposée tant dans le siecle present que dans ceux à venir (le Nombre d'Or & l'Epacte primitive étants connus) il faut chercher le nombre d'Or au haut de ladite Table & l'Epacte primitive dans la premiere Colomne vers la main gauche & on trouvera l'Epacte requise dans le quarré qui leur sera commun : Cette methode est si facile qu'il n'est aucunement necessaire d'Exemples pour en avoir l'intelligence. Il est temps de voir maintenant à quoi sert l'Epacte ; mais auparavant il faut faire une remarque que toutefois & quantes qu'il y aura 25 d'Epacte provenants d'un Nombre d'Or au dessus de 11, c'est à dire de 12, 13, 14, 15, 16, 17, 18 & 19 de Nombre d'Or, il faudra enfermer ce 25 d'Epacte entre deux parentezes, pour la distinguer d'avec 25 d'Epacte provenus d'un nombre d'Or au dessous de 12, comme de 1, 2, 3, 4, 5, 6, 7, 8, 9, 10 & 11 de Nombre d'Or, ainsi qu'il est marque dans la Table precedente de la suite des Epactes : comme par exemple pendant les siecles 1700 & 1800 l'Epacte 25 ne se rencontre que vis à vis de 6 de Nombre d'Or, & par consequent au dessous de unze, c'est pourquoi il ne faut point enfermer ce 25 d'Epacte entre parentezes : mais pendant les siecles 1900, 2000 & 2100 toutes fois qu'il y aura 25 d'Epacte il se rencontrera vis à vis de 17 de Nombre d'Or, & par consequent au dessus de unze ; c'est pourquoi il faut enfermer ce 25 d'Epacte entre deux parentezes, le sujet pourquoi se verra au Chapitre des Fêtes.

Usage de l'Epacte,

L'Usage de l'Epacte est double, le premier sert à trouver le jour du mois auquel doit écheoir la nouvelle Lune ou la pleine Lune, ou tel jour de la Lune qu'on voudra. Le second sert à trouver l'âge de la Lune.

Premier usage.

LE mois & l'Epacte de quelqu'année proposée étant donnez, trouver le jour de la nouvelle Lune, ou tel autre jour de la Lune qu'on voudra.

Il faut toûjours ajoûter l'Epacte de l'année proposée avec le nombre des mois écoulez depuis Mars jusqu'au mois proposé y compris, & ôter le tout d'une revolution qui est de 30 jours, ou de deux revolutions de 60 jours, si il en est besoin, & le reste donnera le jour auquel échet la nouvelle Lune requise, ainsi qu'il se pratique parmi beaucoup de Nations : mais je trouve une grande difficulté à ce mot de 30, car si on donne 30 jours à chaque mois synodique de toute l'année, les 12 vaudront 360 jours, & cependant il n'y en doit avoir que 354, ce qui peut causer bien des erreurs, & qui pis est cette loy est si generale par tout, que je suis à je ne sçai si je dois dire mon sentiment; mais le suivra qui voudra.

Il faut demeurer d'accord qu'un mois synodique est de 29 jours & demi & non de 30; c'est pourquoi je suis d'avis d'en suposer un de 30 jours & l'autre de 29, alternativement sur tous les douze mois de l'année, sçavoir en Janvier 30 jours, en Février 29, en Mars 30, Avril 29, Mai 30, Juin 29, Juillet 30, Aoust 29, Septembre 30, Octobre 29, Novembre 30 & Decembre 29 : de sorte que les douze mois synodiques étans reglez de la sorte, composeront le Nombre de 354 jours & non 360, ce qui approchera plus prés de la verité que de donner à tous 30 jours : Pour les distinguer nous appellerons ceux de 30 jours mois synodiques pleins, & ceux de 29 jours mois synodiques caves, à l'imitation des Lunes pleines & des Lunes caves dont je parlerai au Chapitre des Fêtes.

Quand on cherche une nouvelle Lune il faut ôter le Nombre d'Or de l'Epacte & des mois écoulez depuis Mars d'un mois synodique plein; c'est à dire de 30 jours, & restera le jour du mois auquel échet la nouvelle Lune requise.

Si on veut observer ce que j'ai dit ci-devant & aller au plus aisé, on augmentera l'Epacte d'une unité dans les mois caves, & par ce moyen on ôtera toûjours le nombre de 30, & le reste donnera le jour de la nouvelle Lune; si le nombre excede 30 il le faudra ôter de 60, voire de 90 si il en est besoin, & le reste donnera le requis.

Quand on cherche une pleine Lune, il faut ôter le nombre de l'Epacte & des mois écoulez depuis Mars d'une demie revolution qui est 15, & restera le jour du mois auquel échet la pleine Lune requise, en augmentant toûjours l'Epacte d'une unité dans les mois caves : si le nombre excede une demie revolution il faudra ajoûter 30 ou 60 avec 15 si il en est necessaire pour en ôter le nombre, & le reste donnera le jour requis.

Si on cherche le jour auquel doit écheoir tel jour qu'on voudra de l'âge de la Lune, ce qu'on appelle jour perdu, il faut toûjours ôter le nombre de l'Epacte & des mois des jours de Lune donnez, & restera le jour du mois requis

requis observant ce que j'ai dit des mois caves. Si le nombre excede les jours de Lune donnez, il y faudra ajoûter autant de fois 30 qu'il sera besoin pour en pouvoir ôter aisément le nombre, & le reste donnera le requis.

Notez que si on cherche une nouvelle Lune ou tel autre jour de la Lune qu'on voudra dans les mois de Janvier & Février, il faudra se servir de l'Epacte de l'année precedente, puisqu'elle ne doit commencer qu'au premier jour de Mars.

Exemple.

En l'année 1687, il y aura 16 d'Epacte : on demande à quel jour de Juin doit écheoir la nouvelle Lune.

Pour ce faire, il faut compter les mois écoulez depuis Mars jusqu'à Juin, vient 4, qu'il faut ajoûter avec 16, font ensemble 20, lesquels faut ôter de 30 : & partant le dixiéme jour de Juin 1687 nous avions nouvelle Lune; si on ajoûte un avec 16 d'Epacte, à cause que Juin est un mois cave, la nouvelle Lune sera le neuviéme dudit mois.

Autre Exemple.

En l'année 1723, il y aura 23 d'Epacte : on demande le jour de la nouvelle Lune du mois de Novembre.

Pour ce faire, il faut ajoûter 23 d'Epacte avec 9 des mois écoulez depuis Mars jusqu'à Novembre, font ensemble 32, lesquels faut ôter de 60, reste 28, & partant le 28 Novembre 1723, il y aura nouvelle Lune. Il ne faut point augmenter l'Epacte puisque le mois de Novembre est plein.

Autre Exemple.

En l'année 1846, il y aura 3 d'Epacte : on demande à quel jour du mois d'Avril on aura la pleine Lune.

Pour ce faire, il faut ajoûter 3 d'Epacte avec 2 des mois, font ensemble 5, qu'il faut ôter de 15, puisqu'on demande une pleine Lune, reste 10 : & partant le dixiéme d'Avril 1846 il y aura pleine Lune. On peut ajoûter un à l'Epacte, attendu qu'Avril est un mois cave & la pleine Lune sera le neuviéme.

Autre Exemple.

En l'année 2765, il y aura 16 d'Epacte : on demande à quel jour du mois de Janvier arrivera le septiéme jour de l'âge de la Lune.

Pour ce faire, il faut prendre l'Epacte de l'année precedente qui est 5, laquelle faut ajoûter avec 11 des mois, font ensemble 16, lesquels faut ôter de 7 ce qui ne se peut, il les faut donc ôter de 37, reste 21 : & partant en l'année 2765 le vingt-uniéme de Janvier la Lune sera âgée de 7 jours.

Second usage de l'Epacte.

LE jour du mois & l'Epacte de quelqu'année proposée étant donnez, trouver l'âge de la Lune.

Il faut prendre l'Epacte de l'année proposée, le nombre des mois écoulez depuis Mars jusqu'au mois proposé y compris & les ajoûter avec le quatriéme du mois, & il viendra à l'âge de la Lune : si le tout passe 30, il les faudra ôter, & le reste sera l'âge requis. Si on veut observer ce que j'ai dit ci-devant il faudra augmenter l'Epacte d'une unité dans les mois caves.

Exemple.

En l'année 1694, il y aura 4 d'Epacte : on demande combien la Lune aura de jours le 9 jour de Mai.

Pour ce faire, il faut compter les mois depuis Mars jusqu'à Mai, vient 3, l'Epacte de ladite année est 4 & le jour dudit mois est 9 : il faut maintenant ajoûter ces trois nombres ensemble, vient 16 pour l'âge de la Lune le neuviéme jour de Mai 1694.

Autre Exemple.

En l'année 1954, il y aura 25 d'Epacte : on demande combien la Lune aura de jours le dix-septiéme Octobre.

Pour ce faire, il faut compter les mois depuis Mars jusqu'à Octobre, vient 8, l'Epacte de ladite année est 25 & le jour du mois est 17 : il faut donc ajoûter ces trois nombres ensemble, vient 50, dont il en faut ôter 30, reste 20 pour l'âge de la Lune le dix-septiéme Octobre 1954. Si on veut augmenter l'Epacte comme j'ai dit ci-devant à cause qu'Octobre est cave, la Lune sera âgée de 21 jours le dix-septiéme dudit mois.

Autre Exemple.

En l'année 3234, il y aura 8 d'Epacte : on demande combien la Lune aura de jours le troisiéme de Février.

Pour ce faire, il faut prendre l'Epacte de l'année precedente 27, puis compter les mois depuis Mars jusqu'à Février, vient 12, lesquels faut ajoûter avec le troisiéme jour font ensemble 42, dont il en faut ôter 30 : reste 12 jours pour l'âge de la Lune le troisiéme Février 3234 : le mois de Février étant cave on peut augmenter l'Epacte d'une unité & viendra 13 pour l'âge de la Lune requise.

JE crois que les Exemples precedents sont assez suffisans pour entendre & concevoir tout ce que j'ai dit de l'Epacte & de son usage, je puis dire sans vanité qu'aucun ne l'a si bien examiné à l'égard des siecles à venir, avec tant de précaution & de justesse que j'ai fait : de sorte que la voila au plus haut degré & de la plus grande estime qu'elle ne sera jamais; mais je prévois qu'elle ne sera pas long-tems en cét état ny en ce haut degré d'honneur, parce que je la veux faire descendre tout à fait, & la reduire au neant.

Il y a déja plusieurs siecles qu'elle subsiste & qu'elle sert à trouver l'âge de la Lune, les nouvelles & pleines Lunes, comme aussi le jour perdu ; & de fait ceux qui ne sont point trop curieux d'un calcul si juste pourront leur en servir toûjours & travailler par les preceptes precedents, les moyens en sont tres-faciles puisque je les ai réformez ci-devant pour plusieurs siecles ; quoi que neanmoins ce que l'Epacte a retardé en certain tems elle avance en d'autre, tellement qu'elle revient toûjours au but où elle doit être, non pas avec la justesse qu'on voudroit bien, mais approchant : le plus grand deffaut que j'y trouve c'est en la fin du mois de Février & au commencement de Mars ensuivant, à la fin des mois qui n'ont que 30 jours, & au commencement des suivans ; comme aussi quand le nombre d'Or recommence sa revolution à un ; le défaut qu'il y a outre Février & Mars, redouble. Voyons ses défauts dans les exemples suivans.

Exemple.

En l'année 1681, on demande combien la Lune avoit de jours le dernier de Février & le premier de Mars suivant

Travaillant par les preceptes precedents, on trouvera que la Lune étoit âgée de 9 jours le dernier Février, & le lendemain qui étoit le premier jour de Mars elle étoit âgée de 12 jours : de sorte qu'elle a crû de trois jours en 24 heures au lieu d'un : voilà une grande erreur tres visible.

Autre Exemple.

En l'année 1684, on demande combien la Lune avoit de jours le dernier de Février & le premier de Mars.

Travaillant comme il est dit, on trouvera que la Lune étoit âgée de 13 jours le dernier de Février & de 15 jours le premier de Mars, dont elle n'a augmenté que de 2 jours au lieu d'un ; cela provient de la Bissexte qui donne 29 jours à Février.

Autre Exemple.

En l'année 1691, on demande combien la Lune aura de jours le dernier de Février & le premier de Mars.

La Lune se trouvera âgée de 29 jours le dernier de Février, & de trois jours le premier de Mars : tellement qu'elle a augmenté de quatre jours au lieu d'un, je ne m'étonne plus pourquoi elle est si grande. Voila un grand défaut qui provient de la difference de l'Epacte entre 1690 & 1691, qui est 12 au lieu de 11, à cause que c'est la fin de la periode du cycle Lunaire, & le commencement de l'autre periode.

Autre Exemple.

En l'année 1687, on demande combien la Lune avoit de jours le dernier d'Avril & le premier de Mai.

On trouvera que la Lune étoit âgée de 18 jours le dernier d'Avril & de 20 jours le premier de May, voila deux jours de difference en 24 heures au lieu d'un ; cét erreur n'est pas si grande que les autres, & si elle peut neanmoins apporter quelque desordre. Si on vouloit observer les mois pleins & caves comme je l'ai dit ci devant, ces differences ne seroient point si grandes.

Tous ceux qui se servent des Epactes ne prennent point garde à tous ces défauts qui sont toûjours arrivez & arriveront : Cela peut apporter un grand desordre aux Navigateurs quand ils reviennent d'un voyage de long cours, & qu'i faut entrer dans un Havre difficile & qui ne garde point son plein, n'ayant point de Pilote côtier, & ne sçachant point l'âge de la Lune au juste, ils ne peuvent pas avoir l'heure de la pleine Mer au vrai. Je ne puis donner aucun remede à tous ses deffauts, il suffit que j'ai donné tous les moyens pour corriger & reformer l'Epacte pour plusieurs siecles.

DE L'EPACTE L'ANSBERGIENNE.

CHAPITRE III.

L'AFFECTION que j'ai pour le Public, & particulierement pour les Navigateurs, ausquels je ne veux rien cacher, m'oblige à mettre au jour une nouvelle Epacte que j'ai inventée sans qu'il soit besoin du Nombre d'Or ; le travail en est facile & juste moyennant le calcul de la plume. Je l'ai composée par les Tables des mouvemens celestes du tres-docte PHILIPPES LANSBERGUE (sur un Meridien, mais on sçaura quel il est quand je mettrai au jour ma Declinaison universelle du Soleil & des Etoilles fixes) ceux qui seront curieux d'un calcul juste & exact s'en pourront servir en toutes occasions, à la reserve des pleines Lunes Pasquales, car les Decrets & Saints Canons de l'Eglise n'admettent point en aucune maniere les Ephemerides ni le calcul des mouvemens celestes pour determiner le jour auquel on doit solemniser la Fête de Pâques, puisqu'on s'est toûjours servi & servira des Epactes, ainsi qu'il sera expliqué ci-aprés au Chapitre des Fêtes.

Table des Epactes Lansbergiennes en siecles.

Siecles.	J.	H.	M.	S.
1600	26	21	49	52
1700	21	13	35	33
1800	16	5	21	13
1900	10	21	6	54
2000	6	12	52	34
2100	1	4	38	15
2200	25	9	7	58
2300	20	0	53	39
2400	15	16	39	20
2500	10	8	25	0
2600	5	0	10	41
2700	29	4	40	25
2700	24	20	26	5
2900	19	12	11	46

Table des Epactes Lansbergiennes en années

ans.	J.	H.	M.	S.
1	10	15	11	21
2	21	6	22	43
3	2	8	50	1
4	14	0	1	22
5	24	15	12	44
6	5	17	40	2
7	16	8	51	23
8	28	0	2	45
9	9	2	30	3
10	19	17	41	24
11	0	20	8	42
12	12	11	20	4
13	23	2	31	25
14	4	4	58	43
15	14	20	10	5
16	26	11	21	26
17	7	13	48	44
18	18	5	8	6
19	28	20	11	27
20	10	22	38	45
40	21	21	17	31
60	3	7	12	13
80	14	5	50	58
100	25	4	29	44

Epacte Lansbergienne en mois.								
communs.					*Bissextils.*			
J.	H.	M.	S.		J.	H.	M.	S.
0	0	0	0	*Ianvier.*	0	0	0	0
1	11	15	57	*Février.*	1	11	15	57
29	11	15	57	*Mars.*	0	22	31	54
1	9	47	50	*Avril.*	2	9	47	50
1	21	3	47	*May.*	2	21	3	47
3	8	19	44	*Iuin.*	4	8	19	44
3	19	35	41	*Iuillet.*	4	19	35	41
5	6	51	37	*Aoust.*	6	6	51	37
6	18	7	34	*Septembre.*	7	18	7	34
7	5	23	31	*Octobre.*	8	5	23	31
8	16	39	28	*Novembre.*	9	16	39	28
9	3	55	25	*Decembre.*	10	3	55	25

Table des Revolutions & parties de Revolution de la Lune.

	J.	H.	M.	S.
Vn quart de revolution.	8	9	11	1
Demie revolution.	15	18	22	2
Trois quarts de revolution.	23	3	33	2
Vne revolution.	30	12	44	3
Vne revolution & un quart.	37	21	55	4
Vne revolution & demie.	45	7	6	5
Vne revolution & trois quarts.	52	16	17	6
Deux revolutions.	60	1	28	6
Deux revolutions & un quart.	67	10	39	7
Deux revolutions & demie.	74	19	50	8
Deux revolutions & trois quarts.	82	5	1	9
Trois revolutions.	89	14	12	10
Trois revolutions & un quart.	96	23	23	10
Trois revolutions & demie.	104	8	34	11
Trois revolutions & trois quarts.	111	17	45	12
Quatre revolutions.	119	2	56	13
Quatre revolutions & un quart.	126	12	7	14
Quatre revolutions & demie.	133	21	18	14
Quatre revolutions & trois quarts.	141	6	29	15
Cinq revolutions.	148	15	40	16
Cinq revolutions & un quart.	156	0	51	17
Cinq revolutions & demie.	163	10	2	18
Cinq revolutions & trois quarts.	170	19	13	18
Six revolutions.	178	4	24	19

Explication de la Table de l'Epacte Lansbergienne.

CEtte Table eſt composée de quatorze années ſeculaires complettes, commençant à 1600, & finiſſant à 2900 y compris ; plus une autre Table composée de cent années qui vallent un ſiecle complet ; & puis une autre Table contenant douze mois courants, commençant toûjours l'année au premier de Janvier à midy. La difference entre courant & complet, eſt que les complets ſont accomplis & achevez tout à fait, & les courants ſont imparfaits : Comme par exemple, ſi on demande l'Epacte de l'année 1689 au mois de Juin, il faut prendre dans la Table 1688 complets, parce que l'année 1689 n'eſt point encor achevée puiſqu'on n'eſt qu'en Juin : tellement que quand il ſera proposé quelqu'année il faudra toûjours prendre l'année precedente. Quant aux mois il auroit fallu y faire la même choſe, mais pour éviter à cela je les ai reculez, ne donnant rien pour Janvier ; c'eſt pourquoi il les faut prendre comme ils ſont donnez, & à cauſe de cela on les appelle courants : leſquels mois ſont de deux ſortes ; ſçavoir les communs pour les années communes, & les biſſextils pour les années biſſextiles.

Il ſuit une autre Table pour ſes revolutions & parties de revolution de la Lune ; Par ce mot de revolution, il faut remarquer que dans l'Uſage de l'Epacte ordinaire on donne 30 jours pour une revolution entiere de Lune ; il n'en eſt pas de même ici, car je ne donne que 29 jours, 12 heures, 44 minutes & 3 ſecondes pour un revolution entiere, qui eſt un mois ſynodique de la Lune. Auparavant que de paſſer outre, je veux avertir le Lecteur que j'ai donné un jour d'augmentation dans chaque revolution & dans chaque partie de revolution, pour abreger le calcul qui ſera enſeigné ci aprés ; autrement il auroit fallu ajoûter le premier jour du mois au nombre trouvé & requis dans le premier uſage, & le diminuer dans le ſecond : ce que j'expliquerai au net dans les exemples. Il faut donc commencer par un quart de revolution qui eſt le premier quartier de la Lune de 7 jours, 9 heures, 11 minutes & une ſeconde, mais au lieu de 7 j'ai mis 8 jours, pour la raiſon que j'en ai donnée : Demie revolution ſignifie pleine Lune de 14 jours, 18 heures, 28 minutes & 2 ſecondes ; donc au lieu de 14 jours j'ai mis 15 dans ladite Table : Trois quarts de revolution ſignifient le dernier quartier de la Lune de 22 jours, 3 heures, 33 minutes, 2 ſecondes, au lieu de 22 jours j'ai mis 23 jours : Il ſuit une revolution entiere de la Lune qui eſt un mois ſynodique de 29 jours, 12 heures, 44 minutes & 3 ſecondes, & au lieu de 29 j'ai mis 30 dans ladite Table : le reste de ladite Table se sont plusieurs revolutions & parties de revolution qui vont jusqu'à six revolutions, pour servir au besoin.

Notez que pour mettre ceci en pratique il faut compter les heures jusqu'à 24, commençant à midy, & finissant à l'autre midy ensuivant.

Usage de l'Epacte Lansbergienne.

L'Usage de l'Epacte Lansbergienne est double comme celui de l'Epacte ordinaire. Le premier usage sert à trouver le jour du mois auquel doit échoir la nouvelle Lune, la pleine Lune & tel jour de la Lune qu'on voudra. Le second sert à trouver l'âge de la Lune à tel jour proposé.

Premier usage.

LE mois de quelqu'année proposé étant donné, trouver le jour de la nouvelle Lune & tel autre jour de Lune.

Il faut prendre dans ladite Table les jours, heures minutes & secondes qui sont vis à vis du siecle courant, des années complettes & des mois courants donnez, puis les ajoûter en une somme, laquelle faut ôter d'une ou de deux revolutions, même de trois ou quatre si il en est besoin, & le reste sera le jour auquel doit échoir la nouvelle Lune requise. Si on demande une pleine Lune il faut ôter la somme de tant de revolutions & demie qu'il sera necessaire, le restant sera le jour de la pleine Lune. Si on demande un premier quartier il faut ôter la somme de tant de revolutions & un quart qu'il sera besoin, & le reste donnera le jour du premier quartier de la Lune. Si on demande le dernier quartier, il faut soustraire la somme de tant de revolutions & trois quarts qu'il en sera necessaire, & le reste donnera le jour du dernier quartier de la Lune. Si on demande tel autre jour de la Lune qu'on voudra, il faut ôter la somme des jours donnez, & si on ne peut il faut ajoûter tant de revolutions qu'il sera besoin pour en ôter la somme, & le reste donnera le requis.

Je suis asseuré que le requis trouvé sera plus juste par cette nouvelle methode que par l'Epacte ordinaire, quoi que pourtant ce ne sera pas la derniere justesse, parce que ce ne sera que moyenne nouvelle Lune, autrement moyenne syzigie, car pour les avoir vrayes & justes il faudroit faire un tres-long calcul par les Tables des mouvemens celestes, comme font ceux qui calculent les Ephemerides.

Exemple.

En l'année 1682, on demande à quel jour du mois de Juin la Lune étoit nouvelle.

Pour ce faire, il faut prendre les jours, heures, minutes & secondes qui sont vis à vis de 1600, vient 26 jours, 21 heures, 49 minutes & 52 secondes: Item faut prendre les jours, heures, minutes & secondes qui sont vis à vis de 80 ans, vient 14 jours, 5 heures, 50 minutes & 58 secondes: Item faut prendre les jours, heures, minutes & secondes qui sont vis à vis d'un an, puisque 1682 n'est point complet, vient 10 jours, 15 heures, 11 minutes & 21 secondes: Finalement faut prendre les jours, heures, minutes & secondes qui sont vis à vis du mois de Juin dans les mois communs, puisque l'année 1682 est commune, vient 3 jours, 8 heures; 19 minutes & 44 secondes: tous lesquels nombres étants ajoûtez en une somme, font ensemble 55 jours, 3 heures, 11 minutes & 55 secondes; laquelle somme faut ôter de deux revolutions qui sont de 60 jours, 1 heure, 28 minutes & 6 secondes, reste 4 jours, 22 heures, 16 minutes & 11 secondes aprés midi, qui est le temps de la nouvelle Lune; mais au lieu de dire 4 jours 22 heures, &c. Il faut dire 5 jours, 10 heures, 16 minutes & 11 secondes du matin; parce que j'ôte 12 heures depuis midi jusqu'à minuit de 22 heures, reste 10 heures aprés minuit, qui est matin au jour suivant cinquiéme; & toutes les fois que les heures passent 12 il en faut toûjours ôter les 12 & prendre le reste pour le jour suivant matin. Et partant le cinquiéme jour de Juin 1682 la Lune étoit nouvelle à 10 heures, 16 minutes & 11 secondes du matin.

	J.	H.	M.	S.
1600	26	21	49	52
80	14	5	50	58
1	10	15	11	21
Juin.	3	8	19	44
Somme	55	3	11	55
Deux revolutions.	60	1	28	6
Somme soustractivè.	55	3	11	55
Reste le temps de La nouvelle Lune requise.	4	22	16	11

Notez que si j'avois donné 59 jours, une heure, 28 minutes & 6 secondes pour deux revolutions, quoi que c'est la veritable, il ne seroit resté que 3 jours qu'il auroit fallu ajoûter au premier jour du mois pour avoir les 4 jours 22 heures, &c. ce que j'en ai fait ç'a été crainte qu'on oubliast à ajoûter le premier jour du mois.

Autre Exemple.

En l'année 1724, on demande à quel jour du mois de Novembre on aura la pleine Lune.

Prenant les jours, heures, minutes & secondes pour 1722 complets & Novembre dans les mois communs comme en l'exemple precedent, il faut ajoûter tout en une somme vient 62 jours, 11 heures, 16 minutes & 29 secondes, qu'il faut ôter de deux revolutions & demie 74 jours, 19 heures, 50 minutes & 8 secondes, à cause qu'on cherche une pleine Lune, reste 12 jours, 8 heures, 33 minutes & 39 secondes aprés midi, qui est le temps de la pleine Lune requise.

Notez que quand il reste moins de 12 heures, c'est aprés midi du même jour; mais s'il reste plus de 12 heures comme en la premiere exemple, il faut ôter 12 heures, & le reste sera pour le matin du jour suivant.

	J.	H.	M.	S.
1700	21	13	35	33
20	10	22	38	45
2	21	6	22	43
Novembre.	8	16	39	28
Somme	62	11	16	29
Deux revolutions & demie	74	19	50	8
Somme soustractive.	62	11	16	29
Reste le temps de La pleine Lune requise.	12	8	33	39

Autre Exemple.

En l'année 1948, on demande à quel jour du mois d'Avril on aura le premier quartier de la Lune.

Pour ce

Pour ce faire, il faut prendre dans ladite Table les jours, heures, minutes & secondes qui sont vis à vis de 1947 complets & d'Avril dans les mois bissextils, puisqu'il est bissexte en l'année 1948, puis ajoûter tout en une somme, vient 51 jours, 13 heures, 3 minutes & 38 secondes, qu'il faut ôter de deux revolutions & un quart 67 jours 10 heures, 39 minutes & 7 secondes, reste 15 jours 21 heures, 35 minutes & 29 secondes : Et partant en l'année 1948 le 16 d'Avril, nous aurons le premier quartier de la Lune à 9 heures, 35 minutes & 29 secondes du matin.

	J.	H.	M.	S.
1900	10	21	6	54
40	21	21	17	31
7	16	8	51	23
Avril.	2	9	47	50
Somme.	51	13	3	38
Deux revolutions un quart.	67	10	39	7
Somme.	51	13	3	38
Temps du premier quartier requis, & ainsi du dernier quartier.	15	21	35	29

Autre Exemple.

En l'année 2754 ; on demande à quel jour du mois d'Aoust viendra le douziéme jour de la Lune.

Pour ce faire, il faut prendre dans ladite Table les jours, heures, minutes & secondes qui sont vis à vis de 2753 ans complets, & du mois d'Aoust dans les mois communs ; lesquels étans ajoûtez en une somme vient 79 jours, 11 heures 20 minutes & 58 secondes ; cela fait il faut prendre trois revolutions qui vallent 89 jours, 14 heures, 12 minutes & 10 secondes, ausquels faut ajoûter les 12 jours de Lune donnez, font ensemble 101 jours, 14 heures, 12 minutes & 10 secondes, dont il en faut ôter la somme trouvée qui est 79 jours, 11 heures, 20 minutes & 58 secondes, reste 22 jours, 2 heures, 51 minutes & 12 secondes : & partant en l'année 2754 le douziéme jour de la Lune au mois d'Aoust doit échoir le vingt-deuziéme jour à 2 heures, 51 minutes & 12 secondes du matin. Et ainsi des autres.

	J.	H.	M.	S.
2700	29	4	40	25
40	21	21	17	31
13	23	2	31	25
Aouſt.	5	6	51	37
Somme.	79	11	20	58
Trois revolutions.	89	14	12	10
Jours de Lune donnez.	12	0	0	0
	101	14	12	10
Somme.	79	11	20	58
Pour le requis.	22	2	51	12

Second uſage de l'Epacte Lansbergienne.

LE jour du mois de quelqu'année proposé étant donné, trouver l'âge de la Lune.

Il faut prendre dans ladite Table les jours, heures, minutes & ſecondes qui ſe rencontrent vis à vis des ans complets & des mois courants, puis les ajoûter en une ſomme (ainſi qu'il eſt enſeigné au premier uſage de l'Epacte Lansbergienne) & ajoûter encor à la ſomme le jour du mois donné, & viendra l'âge de la Lune; ſi la ſomme paſſe une, deux ou trois revolutions, il les faudra ôter de la ſomme, & reſtera l'âge de la Lune requiſe.

Exemple,

En l'année 1694, on demande combien la Lune aura de jours le 9 jour de May.

Pour ce faire il faut prendre dans ladite Table les jours, heures, minutes & ſecondes qui ſont vis à vis de 1693 complets, & du mois de May courant dans les mois communs, & les 9 jours dudit mois donnez, leſquels nombres faut ajoûter en une ſomme, vient 75 jours, 3 heures, 16 minutes & 2 ſecondes, dont il en faut ôter deux revolutions, 60 jours, 1 heure, 28 minutes & 6 ſecondes, reſte 15 jours, 1 h. 47 m. 56 ſec. pour l'âge de la Lune le 9 May 1694, à midy.

Si j'avois donné 59 jours pour deux revolutions, il auroit resté 16 jours pour l'âge de la Lune, dont il auroit fallu ôter le premier jour du mois pour avoir 15 jours, ce qu'on pourroit oublier, & pour empêcher cela j'ai augmenté 59 d'un jour.

	J.	H.	M.	S.
1600	26	21	49	52
80	14	5	50	58
13	23	2	31	25
May.	1	21	3	47
9me.	9	0	0	0
Somme	75	3	16	2
Deux revolutions.	60	1	28	6
Reste l'âge de la Lune.	15	1	47	56

Autre Exemple.

En l'année 2048, on demande combien la Lune aura de jours le 25 jour de Septembre.

Pour ce faire, il faut prendre dans ladite Table les jours, heures, minutes & secondes qui sont vis à vis de 2047 ans complets, & de Septembre courant dans les mois bissextils, puis les ajoûter en une somme avec le vingt-cinquiéme dudit mois, vient 77 jours, 13 heures, 9 minutes & 2 secondes; dont il faut ôter deux revolutions, reste 17 jours, 11 heures, 40 minutes & 56 secondes pour l'âge de la Lune le vingt-cinquiéme jour de Septembre en l'année 2048, à midy.

	J.	H.	M.	S.
2000	6	12	52	34
40	21	21	17	31
7	16	8	51	23
Septembre.	7	18	7	34
25me	25	0	0	0
Somme.	79	13	9	2
Deux revolutions.	60	1	28	6
Reste l'âge de la Lune.	17	11	40	56

JE ne m'embarrasserai pas davantage dans les Exemples, j'en ai assez donné pour faciliter l'usage de l'Epacte Lansbergienne, laquelle se trouve plus juste & plus précise que l'Epacte ordinaire; & pour plus grande preuve je suis d'avis de reprendre une partie des Exemples que j'ai donnez en la fin du second usage de l'Epacte ordinaire sur les abus qui s'y commettent à la fin de Février & au commencement de Mars ensuivant.

Exemple.

En l'année 1681, on demande combien la Lune avoit de jours le dernier de Février & le premier de Mars ensuivant.

	J.	H.	M.	S.
1600	26	21	49	52
80	14	5	50	58
Février.	1	11	15	57
28 ^{me}	28	0	0	0
Somme.	70	14	56	47
Deux revolutions.	60	1	28	6
Aage de la Lune pour le 28 ^{me} Février.	10	13	28	41

	J.	H.	M.	S.
1600	26	21	49	52
80	14	5	50	58
Mars.	29	11	15	57
Premier jour.	1	0	0	0
Somme.	71	14	56	47
Deux revolutions.	60	1	28	6
Reste l'âge de la Lune du premier de Mars.	11	13	28	41

Travaillant comme il est enseigné ci-devant par l'Epacte Lansbergienne on trouvera que la Lune étoit âgée de 10 jours, 13 heures, 28 minutes & 41 secondes le vingt-huitiéme Février 1681 à midy; & le lendemain premier jour de Mars à la même heure elle étoit âgée de 11 jours, 13, 28 minutes & 41 secondes.

condes: de sorte qu'elle ne differe que d'un jour en 24 heures par l'Epacte Lansbergienne, & differe de trois jours par l'Epacte ordinaire.

Autre Exemple.

En l'année 1691, on demande combien la Lune aura de jours le dernier de Février, & le premier de Mars ensuivant.

	J.	H.	M.	S.
1600	26	21	49	52
80	14	5	50	58
10	19	17	41	24
Février.	1	11	15	57
28 me	28	0	0	0
Somme	90	8	38	11
Trois revolutions	89	14	12	10
Reste l'âge de la Lune du vingt-huitiéme Février.	0	18	26	1

	J.	H.	M.	S.
1600	26	21	49	52
80	14	5	50	58
10	19	17	41	24
Mars.	29	11	15	57
premier jour.	1	0	0	0
Somme	91	8	38	11
Trois revolutions.	89	14	12	10
Reste l'âge de la Lune du premier Mars.	1	18	26	1

Travaillant comme il est dit, on trouvera que la Lune sera âgée seulement de 18 h. 26 m. & une sec. le 28 Février, & le lendemain premier jour de Mars elle sera âgée d'un jour, 18 h. 26 m. & une seconde: dont elle ne differe que d'un jour en 24 h. & par l'Epacte ordinaire elle differe de 4 jours. Voilà un grand abus qui se commet dans l'Epacte ordinaire, c'est pourquoi je ne m'arrêterai pas davantage.

M

DV CYCLE SOLAIRE.

CHAPITRE IV.

LES Romains divisoient leur année de huit jours en huit jours, comme en fait foi un ancien Calendrier de Jule Cesar, trouvé à Rome gravé sur le marbre ; lesquels huit jours étoient distinguez par les huit premieres Lettres de l'Alphabeth*, sçavoir A B C D E F G & H, appellées Lettres Nundinales, lesquelles étoient repetées depuis le premier jour de l'année jusqu'au dernier ; de sorte qu'il y avoit une desdites Lettres en chaque année qui marquoit les jours des Assemblées appellées Nundines, qui revenoit toûjours de neuf jours en neuf jours : Mais l'usage des Sepmaines & des Feries a depuis aboli entierement l'usage des jours Nundinaux. De là est venu que les Jours de chaque Sepmaine ont été nommez Feries, & pour garder quelqu'ordre entr'eux, on dit, la premiere Ferie, la seconde Ferie, la troisiéme Ferie, &c. jusqu'à sept, & sont nommez Ferie, qui signifie Fête ; parce que suivant le rapport de Saint Jerôme, la Fête de Pâques se celebroit dés son tems pendant toute la Sepmaine : de sorte que la premiere Ferie est nôtre Dimanche, la seconde Ferie le Lundi, la troisiéme Ferie le Mardi, &c. Pour ce sujet les Peres du Concile de Nicée (suivant l'exemple de Cesar) avoient commencé à mettre au commencement de leur Calendrier un A, premiere Lettre de l'Alphabeth, & ensuite continué les autres Lettres dans leur ordre jusques & compris G, ayant retranché l'H afin de reduire le reste au nombre de sept, lequel correspondoit au nombre des Feries : & voyant que ces Lettres se fussent fort bien accommodées avec les Feries si les années eussent toûjours été communes, mais ils se trouverent embarassez par l'addition d'un jour dans les années bissextiles, & qui ne revenoient point dans leur ordre qu'aprés sept années bissextiles expirées, qui veut dire 28 années : c'est pourquoi ils inventerent le Cycle Solaire dans lequel ils cherchoient la Lettre Dominicale de chaque année, & donnerent au public ledit Cycle Solaire, qui est une periode de 28 années, l'an de grace 328, trois ans aprés que le Concile de Nicée fut achevé.

Voila l'origine du Cycle Solaire, qui est une revolution de 28 années, commençant à un & finissant à 28, laquelle étant achevée recommence à un.

Pour donc trouver le Cycle Solaire de quelqu'année proposée, il faut ajoûter 9 à l'année donnée, à cause qu'il y avoit 9 de Cycle Solaire en l'année de la Nativité de nôtre Seigneur, puis divifer le tout par 28, & le reftant fera le Cycle Solaire requis, & s'il ne refte rien le Cycle Solaire fera 28.

Exemple.

En l'année 1607, on demande combien il y avoit de Cycle Solaire.

Pour ce faire, il faut ajoûter 9 avec 1687, font enfemble 1696, qu'il faut divifer par 28, il refte 16 pour le Cycle Solaire de ladite année 1687.

Autre Exemple.

En l'année 1863, on demande combien il y aura de Cycle Solaire.

Pour ce faire, il faut ajoûter 9 avec 1863, font enfemble 1872, qu'il faut divifer par 28, refte 24 pour le Cycle Solaire de ladite année 1863.

Autre Exemple.

En l'année 2545, on demande combien il y aura de Cycle Solaire.

Pour ce faire, il faut ajoûter 9 avec 2545, font enfemble 2554, lefquels faut divifer par 28, refte 6 pour le Cycle Solaire de ladite année 2545.

Autre methode pour trouver le Cycle Solaire de quelqu'année proposée par la Table suivante.

Ajoûtez 9 aux ans de Grace.							
ans.	*n.*	*ans.*	*n.*	*ans.*	*n.*	*ans.*	*n.*
1	1	20	20	300	20	4000	24
2	2	30	2	400	8	5000	16
3	3	40	12	500	24	6000	8
4	4	50	22	600	12	7000	0
5	5	60	4	700	0	8000	20
6	6	70	14	800	16	9000	12
7	7	80	24	900	4	10000	4
8	8	90	6	1000	20		
9	9	100	16	2000	12		
10	10	200	4	3000	4		

Usage de ladite Table.

IL faut prendre dans ladite Table les jours qui sont vis à vis des milles, des cens, des dixaines & des unitez de l'année proposée, & les ajoûter en une somme, y ajoûtant encor 9 comme il est dit au haut de ladite Table, puis diviser le tout par 28, ou bien rejetter tous les 28, & le restant sera le Cycle Solaire requis, mais s'il ne reste rien le Cycle solaire sera 28.

Exemple.

En l'année 1694, on demande combien il y aura de Cycle Solaire.

Pour ce faire,

Pour ce faire, il faut chercher dans ladite Table vis à vis de 1000, & on trouvera 20, qu'il faut écrire vis à vis de 1000, comme il est marqué ci-aprés en forme d'addition: Item faut chercher dans ladite Table vis à vis de 600 & on trouvera 12, qu'il faut écrire sous 20 au droit de 600: Item faut chercher dans ladite Table vis à vis de 90, & on trouvera 6, qu'il faut écrire sous 12, au droit de 90: Item faut chercher dans ladite Table vis à vis de 4, & on trouvera 4, qu'il faut écrire sous 6 au droit de quatre: Finalement faut encor écrire 9 sous 4 comme il est marqué au haut de ladite Table, puis ajoûter tous ces nombres ensemble, vient 51, dont il en faut ôter 28, reste 23 pour le Cycle Solaire de ladite année 1694.

1000	20
600	12
90	6
4	4
ajoûtez encor	9
	51
	28
	23

Autre Exemple.

En l'année 2327, on demande combien il y aura de Cycle Solaire.

Pour ce faire, travaillant comme il est dit ci-dessus, on trouvera 12 de Cycle Solaire pour ladite année 2327.

2000	12
300	20
20	20
7	7
ajoûtez encor	9
	68
	56
	12

Autre methode pour trouver le Cycle Solaire de quelqu'année proposée.

IL faut ôter les milles & les cents de l'année proposée, puis ajoûter au restant le Cycle Solaire de l'année seculaire du siecle courant, & diviser le tout par 28, ou bien rejetter tous les 28 & le restant donnera le Cycle Solaire requis, & s'il ne reste rien le Cycle Solaire sera 28.

Exemple.

En l'année 1683, on demande combien il y avoit de Cycle Solaire.

Pour ce faire, il faut ôter 1600 de 1683, reste 83, auquel faut ajoûter 13, qui est le Cycle Solaire de l'année seculaire 1600, font ensemble 96, qu'il faut diviser par 28, reste 12 pour le Cycle Solaire de l'année 1683.

Autre Exemple.

En l'année 2647, on demande combien il y aura de Cycle Solaire.

Pour ce faire, faut ôter 2600 de 2647, reste 47, auquel faut ajoûter 5 qui sera le Cycle Solaire de l'année seculaire 2600, font ensemble 52, dont il en faut ôter 28, reste 24 pour le Cycle Solaire de ladite année 2647.

Autre Exemple.

En l'année 3835, on demande combien il y aura de Cycle Solaire.

Pour ce faire, il faut ôter 3800 de 3835, reste 35, auquel faut ajoûter un qui sera le Cycle Solaire de l'année seculaire 3800, font ensemble 36, dont il en faut ôter 28, reste 8 pour le Cycle Solaire de ladite année 3835.

On peut facilement trouver le Cycle Solaire d'une année seculaire par les deux premieres methodes ci-devant; mais voici deux autres moyens pour le trouver encor dans les années seculaires seulement.

Pour trouver le Cycle Solaire de quelqu'année feculaire donnée par la Table fuivante.

A	B	C
38	0	1
17	1	17
59	2	5
24	3	21
52	4	9
45	5	25
31	6	13

IL faut premierement couper les deux dernieres figures de l'année feculaire donnée, puis ôter du reftant un des nombre pris dans la Table en la colomne A, & que ce foit moindre aprochant dudit reftant, & divifer le reftant par 7, & le reftant de la divifion étant cherché en la colomne B, donnera en la colomne C le Cycle Solaire requis.

Si aprés avoir ôté un des nombres de la colomne A des centaines donnez, le reftant fe trouve moindre de 7 il le faut feulement chercher en la colomne B, & donnera en la colomne C le Cycle folaire requis.

Exemple.

En l'année feculaire 2300, on demande combien il y aura de Cycle Solaire.

Pour ce faire, il faut couper les deux dernieres figures de 2300, refte 23, dont il en faut ôter 17 pris dans la Table precedente en la colomne A, refte 6, lequel faut chercher dans la colomne B (ne fe pouvant divifer par 7) & donnera en la colomne C 13 pour le Cycle Solaire de ladite année feculaire 2300.

Autre Exemple.

En l'année feculaire 5600, on demande combien il y aura de Cycle Solaire.

Pour ce faire, il faut couper les deux dernieres figures de 5600, refte 56, dont il en faut ôter 52 pris dans ladite Table en la colomne A, refte 4, qu'il faut chercher en la colomne B, & donnera 9 en la colomne C pour le Cycle Solaire de ladite année feculaire 5600.

Autre moyen pour trouver le Cycle Solaire d'une année feculaire proposée sans Table.

APrés avoir coupé les deux dernieres figures de l'année feculaire donnée il faut toûjours multiplier le restant par 16, & ajoûter 9 au produit, puis divifer le tout par 28, & le restant donnera le Cycle Solaire requis.

Exemple.

En l'année feculaire 2800 : on demande combien il y aura de Cycle Solaire

Pour ce faire, il faut couper les deux dernieres figures de 2800, reste 28 qu'il faut multiplier par 16, vient au produit 448, auquel faut ajoûter 9, vient 457, qu'il faut divifer par 28, reste 9 pour le Cycle Solaire de ladite année feculaire 2800.

Autre Exemple.

En l'année feculaire 6400, on demande combien il y aura de Cycle Solaire.

Pour ce faire, faut couper les deux dernieres figures de 6400, reste 64 qu'il faut multiplier par 16, vient au produit 1024, auquel faut ajoûter 9, font enfemble 1033, qu'il faut divifer par 28, reste 25 pour le Cycle Solaire de ladite année feculaire 6400.

Voila plufieurs moyens pour trouver le Cycle Solaire d'une année feculaire proposée, lequel étant connû il fera facile de trouver le Cycle Solaire d'une année proposée par nôtre derniere methode en ôtant les milles & les cens, ainſi comme il eſt enſeigné en ſon lieu ci-devant : lequel Cycle Solaire ne ſert qu'à trouver la Lettre Dominicale.

Auparavant de finir ce Chapitre, je veux donner une Table contenant le Cycle Solaire & l'équation des Lettres Dominicales pour plufieurs années feculaires ; c'eſt à dire depuis l'an 1600 juſqu'à l'an 10000, là où ceux qui ne voudront point ſe donner la peine de calculer pourront avoir recours ; outre plus les années feculaires biſſextiles y ſont diſtinguez par la Lettre B, comme auſſi l'équation des Lettres Dominicales, ainſi qu'il ſera dit au Chapitre ſuivant.

Tabl

Table contenant le Cycle Solaire & l'Equation des Lettres Dominicales des années ſeculaires, depuis 1600 juſqu'à 10000 années ſeculaires.

	Années ſeculaires de N. Seigneur	Cycle Solaire.	Equation des Lettres Dominic.		Années ſeculaires de N. Seigneur.	Cycle Solaire.	Equation des Lettres Dominic.
B.	1600	13	I		3800	1	IV
	1700	1	II		3900	17	V
	1800	17	III	B.	4000	5	V
	1900	5	IV		4100	21	VI
B.	2000	21	IV		4200	9	VII
	2100	9	V		4300	25	I
	2200	25	VI	B.	4400	13	I
	2300	13	VII		4500	1	II
B.	2400	1	VII		4600	17	III
	2500	17	I		4700	5	IV
	2600	5	II	B.	4800	21	IV
	2700	21	III		4900	9	V
B.	2800	9	III		5000	25	VI
	2900	25	IV		5100	13	VII
	3000	31	V	B.	5200	1	VII
	3100	1	VI		5300	17	I
B.	3200	17	VI		5400	5	II
	3300	5	VII		5500	21	III
	3400	21	I	B.	5600	9	III
	3500	9	II		5700	25	IV
B.	3600	25	II		5800	13	V
	3700	13	III		5900	1	VI

	Années seculaires de N. Seigneur	Cycle Solaire.	Equation des Lettres Dominic
B.	6000	17	VI
	6100	5	VII
	6200	21	I
	6300	9	II
B.	6400	25	II
	6500	13	III
	6600	1	IV
	6700	17	V
B.	6800	5	V
	6900	21	VI
	7000	9	VII
	7100	25	I
B.	7200	13	I
	7300	1	II
	7400	17	III
	7500	5	IV
B.	7600	21	IV
	7700	9	V
	7800	25	VI
	7900	13	VII
B.	8000	1	VII
	8100	17	I

	Années seculaires de N. Seigneur	Cycle Solaire.	Equation des Lettres Dominic
	8200	5	II
	8300	21	III
B.	8400	9	III
	8500	25	IV
	8600	13	V
	8700	1	VI
B.	8800	17	VI
	8900	5	VII
	9000	21	I
	9100	9	II
B.	9200	25	II
	9300	13	III
	9400	1	IV
	9500	17	V
B.	9600	5	V
	9700	21	VI
	9800	9	VII
	9900	25	I
B.	10000	13	I

DE LA LETTRE DOMINICALE ET FERIALE.

CHAPITRE V.

TOUT ainsi comme le Cycle Solaire ou Cycle des Lettres Dominicales est une revolution de 28 années depuis un jusqu'à 28, laquelle étant achevée recommence à un, parce qu'aprés 28 années les Lettres Dominicales reviennent à leur même ordre, & ce Cycle de 28 années se fait par multiplication de 7 par 4, à cause qu'il y a sept Lettres Feriales pour les sept jours de la semaine, & qu'à chaque quatriéme année on y ajoûte un jour, ce qui cause que cét ordre de sept Lettres n'est pas toûjours observée, mais deux lettres Dominicales ont cours en cette quatriéme année, & aprés 28 ans lesdites Lettres Dominicales recommencent à garder leur même ordre qu'elles avoient auparavant, lequel a été observé depuis 1582 jusqu'à present, & continuëra jusqu'à la fin du present siecle; parce que cét ordre changera presque tous les siecles, comme en 1700, 1800 & 1900, à cause qu'il y aura à chaqu'un un jour de retranché: mais le siecle 2000 gardera l'ordre du siecle 1900, à cause de la bissexte: de sorte que toutes les fois qu'il arrivera une année seculaire bissextile les Lettres Dominicales garderont le même ordre qu'elles avoient au siecle qui les precede.

Voici une Table generale & perpetuelle, contenant sept ordres de Lettres Dominicales, par laquelle on peut trouver la Lettre Dominicale de quelqu'année proposée en quelque siecle que ce soit par le moyen du Cycle Solaire, sçachant l'équation des Lettres Dominicales, qui est la divison des sept ordres cidessus alleguez, laquelle équation se trouve dans ladite Table precedente depuis le siecle 1600 jusqu'au siecle 10000; même ceux qui voudront trouver cette Equation sans Table la pourront trouver à perpetuité, ainsi qu'il sera enseigné aprés la Table suivante.

Cycle Solaire.	Table generale des Lettres Dominicales.						
	I	II	III	IV	V	VI	VII
1	CB	DC	ED	FE	GF	AG	BA
2	A	B	C	D	E	F	G
3	G	A	B	C	D	E	E
4	F	G	A	B	C	D	E
5	ED	FE	GF	AG	BA	CB	DC
6	C	D	E	F	G	A	B
7	B	C	D	E	F	G	A
8	A	B	C	D	E	F	G
9	GF	AG	BA	CB	DC	ED	FE
10	E	F	G	A	B	C	D
11	D	E	F	G	A	B	C
12	C	D	E	F	G	A	B
13	BA	CB	DC	FD	FE	GF	AG
14	G	A	B	C	D	E	F
15	F	G	A	B	C	D	E
16	E	F	G	A	B	C	D
17	DC	ED	FE	GF	AG	BA	CB
18	B	C	D	B	F	G	A
19	A	B	C	D	E	F	G
20	G	A	B	C	D	E	F
21	FE	GF	AG	BA	CB	DC	ED
22	D	E	F	G	A	B	C
23	C	D	E	F	G	A	B
24	B	C	D	E	F	G	A
25	AB	BA	CB	DC	ED	FE	GF
26	F	G	A	B	C	D	E
27	E	F	G	A	B	C	D
28	D	E	F	G	A	B	C

Pour trouver l'équation des Lettres Dominicales de quelqu'année seculaire proposée.

IL faut toûjours ôter 16 des jours de retranchement, & diviser le reste par 7, le restant donnera l'équation des Lettres Dominicales ; si il ne reste rien l'équation sera 7 : Si aprés avoir ôté 16 des jours de retranchement le reste est moindre que 7, ledit restant sera l'équation requise : Si les jours de retranchement sont moindre que 16, il en faut ôter seulement 9, & le reste sera l'équation requise.

Exemple.

En l'année seculaire 5800, il y aura 42 jours de retranchement : on demande l'équation des Lettres Dominicales.

Pour ce faire, il faut ôter 16 de 42 jours de retranchement, reste 26, qu'il faut diviser par 7, reste 5, qui est l'équation des Lettres Dominicales de l'année seculaire 5800.

Autre Exemple.

En l'année seculaire 2900, il y aura 20 jours de retranchement : on demande l'équation des Lettres Dominicales.

Pour ce faire, faut ôter 16 de 20 jours de retranchement, reste 4, qui est l'équation requise.

Autre Exemple.

En l'année seculaire 1800, il y aura 12 jours de retranchement : on demande l'équation des Lettres Dominicales.

Pour ce faire, il faut ôter 9 de 12 jours de retranchement, reste 3 pour l'équation des Lettres Dominicales de ladite année seculaire 1800.

Notez que les jours de retranchement d'une année seculaire donnée se trouvent dans le Chapitre des Epactes.

Pour trouver la Lettre Dominicale de quelqu'année proposée le Cycle Solaire & l'équation des Lettres Dominicales étants connus;

IL faut chercher le Cycle Solaire de l'année donnée en la premiere colomne de la Table precedente, & l'équation des Lettres Dominicales de l'année seculaire du siecle courant au haut de ladite Table, vous donnera vis à vis du Cycle Solaire la Lettre Dominicale requise.

Exemple.

En l'année 1693, le Cycle Solaire est 20, & l'équation des Lettres Dominicales de l'année seculaire 1600 est un : on demande la Lettre Dominicale.

Pour ce faire, il faut chercher 20 de Cycle Solaire en la premiere colomne de ladite Table, & un d'équation au haut d'icelle, qui donnera G vis à vis de 20 pour la Lettre Dominicale de ladite année 1693.

Autre Exemple.

En l'année 2746, il y aura 11 de Cycle Solaire & 3 d'équation des Lettres Dominicales pour l'année seculaire 2700 : on demande la Lettre Dominicale.

Pour ce faire, il faut chercher 11 de Cycle Solaire en la premiere colomne & 3 d'équation au haut de ladite Table, vous donnera F vis à vis 11 pour la Lettre Dominicale de ladite année 2746.

Autre Exemple.

En l'année 4237, le Cycle Solaire sera 18, l'équation des Lettres Dominicales de l'année seculaire 4200 sera 7, on demande la Lettre Dominicale.

Pour ce faire, il faut chercher 18 de Cycle Solaire en la premiere colomne & 7 d'équation au haut de ladite Table, qui donnera A vis à vis de 18 pour la Lettre Dominicale de ladite année 4237.

Notez qu'en une année seculaire qui n'est point bissextile il n'y a qu'une Lete Dominicale qui a cours pendant cette année, comme en l'année seculaire 700, il y aura un de Cycle Solaire & deux d'équation, qui donneront DC our Lettre Dominicale, mais il n'y aura que la Lettre C qui aura cours à cause ue ladite année sera commune.

En l'année seculaire 1800, il y aura 17 de Cycle Solaire & 3 d'équation, ui donneront FE pour Lettre Dominicale ; mais il n'y aura que la Lettre E ui aura cours parce que ladite année seculaire 1800 ne sera point bissextile.

En l'année seculaire 1900, il y aura 5 de Cycle Solaire & quatre d'équation, ui donneront AG pour Lettre Dominicale, dont il n'y aura que la Lettre G ui servira pendant ladite année, attendu qu'elle sera commune.

En l'année seculaire 2000, il y aura 21 de Cycle Solaire, & quatre d'équaion, semblable à l'année seculaire 1900, qui donneront BA pour Lettres Dominicales, lesquelles auront cours toutes les deux pendant ladite année seculaire 2000, à cause de la bissexte.

Pour trouver la Lettre Dominicale d'une année proposée sans le Cycle solaire, les jours de retranchement étants connus.

IL faut toûjours ôter un de l'année proposée, & diviser le reste par 4, puis ajoûter le quotient à l'année proposée sans avoir égard au restant, (l'unité étant toûjours ôtée) il faut ôter de la somme les jours de retranchement, & diviser le reste par 7, puis ôter le restant de 9, le dernier reste sera le nombre de la Lettre Dominicale requise selon l'ordre Alphabetique.

Si l'année proposée est bissextile il viendra la premiere Lettre Dominicale, qui doit servir depuis le premier de Janvier jusqu'au 25 de Février.

Si aprés la division par 7, il ne reste rien, il faudra suposer qu'il reste 7, & l'ôter de 9, pour avoir le nombre de la Lettre Dominicale 2 ; mais s'il reste un aprés la division par 7, sera le nombre requis, & par consequent la Lettre A.

Exemple,

En l'année 1945, il y aura 13 de jours de retranchement : on demande la Lettre Dominicale.

Pour ce faire, il faut ôter 1 de 1945, reſte 1944, qu'il faut diviſer par 4, vient au quotient 486, lequel faut ajoûter avec 1944, font enſemble 2430, dont il en faut ôter 13, reſte 2417, qu'il faut diviſer par 7, reſte 2, lequel faut ôter de 9, reſte 7, qui eſt le nombre de la Lettre Dominicale, ſçavoir G.

Autre Exemple.

En l'année 2432, il y aura 16 jours de retranchement: on demande la Lettre Dominicale.

Pour ce faire, il faut ôter un de 2432, reſte 2431, qu'il faut diviſer par 4, vient au quotient 607, qu'il faut ajoûter avec 2431, font enſemble 3038, dont il en faut ôter 16 jours de retranchement, reſte 3022, qu'il faut diviſer par 7, reſte 5, qu'il faut ôter de 9, reſte 4 pour le nombre de la Lettre Dominicale requiſe, ſçavoir D; laquelle ſervira depuis le premier jour de Janvier juſqu'au 25 de Février, & par conſequent la Lettre C ſervira le reſte de ladite année 2432, à cauſe qu'elle eſt biſſextile.

Autre Exemple.

En l'année 5262 il y aura 37 jours de retranchement; on demande la Lettre Dominicale.

Pour ce faire, il faut ôter 1 de 5262, reſte 5261, qu'il faut diviſer par 4, vient au quotient 1315, qu'il faut ajoûter avec 5261, font enſemble 6576, dont il en faut ôter 37 jours de retranchement, reſte 6539, qu'il faut diviſer par 7 reſte 1, qui eſt le nombre de la Lettre Dominicale requiſe, ſçavoir A.

Autre Exemple.

En l'année 6744, il y aura 49 jours de retranchement : on demande la Lettre Dominicale.

Pour ce faire, il faut ôter un de 6744, reſte 6743; qu'il faut diviſer par 4, vient au quotient 1685, qu'il faut ajoûter avec 6743, font enſemble 8428 dont il en faut ôter 49 jours de retranchement, reſte 8379, lequel faut diviſer par 7, il ne reſte rien, & partant il faut prendre 7, qu'il faut ôter de 9, reſte 2 pour le nombre de la Lettre Dominicale qui eſt B, laquelle ſervira depuis le commencement de Janvier juſqu'au 25 Février, & par conſequent la Lettre A ſervira le reſte de l'année puiſqu'elle eſt biſſextile.

Corrollaire.

CORROLLAIRE.

LA Lettre Dominicale d'une année proposée & l'équation des Lettres Dominicales étant données, trouver le Cycle Solaire.

Il faut prendre garde à l'année proposée si elle est bissextile ou non, ou de combien elle est d'aprés la bissexte, puis chercher la Lettre Dominicale dans la Table generale des Lettres Dominicales vis à vis de l'équation du siecle qui court, & elle donnera en la premiere colomne le Cycle Solaire requis.

Exemple.

En l'année 1845, il y aura E pour Lettre Dominicale & 3 d'équation : on demande le Cycle Solaire.

Pour ce faire, il faut remarquer que l'année 1845 est la premiere année d'aprés la bissexte, il faut donc chercher dans la Table generale des Lettres Dominicales sous 3 d'équation, la Lettre E, en sorte qu'elle se rencontre immediatement aprés une bissexte, & elle se trouve justement vis à vis de 6 de Cycle Solaire pour ladite année 1845.

Autre Exemple.

En l'année 4236, il y aura CB pour Lettres Dominicales & 7 d'équation : on demande le Cycle Solaire.

Pour ce faire, il faut chercher CB dans la Table generale des Lettres Dominicales sous 7 d'équation, & lesdites Lettres se trouveront vis à vis de 17, qui est le Cycle Solaire de ladite année 4236.

IL faut maintenant donner quelque moyen facile, prompt & par cœur pour trouver la Lettre Dominicale, le Cycle Solaire & l'équation des Lettres Dominicales étants connus ; ce qui se peut faire par le moyen du dedans de la main gauche en s'imaginant toute une revolution de 28 années du Cycle Solaire sur le bout des doigts & sur les jointures du dedans desdits doigts en cette sorte.

Il faut ſupoſer un de Cycle Solaire ſur le bout du doigt appellé index , 2 ſur le bout du mitoy , 3 ſur le bout de l'annullaire & 4 ſur le bout du petit doigt ; item faut ſupoſer 5 ſur la premiere jointure de l'index , 6 ſur la premiere jointure du mitoyen , 7 ſur la premiere jointure de l'annullaire & 8 ſur la premiere jointure du petit doigt ; item 9 ſur la ſeconde jointure de l'index , 10 ſur la ſeconde jointure du mitoyen , 11 ſur la ſeconde jointure de l'annullaire & 12 ſur la ſeconde jointure du petit doigt ; item 13 ſur la racine de l'index , 14 ſur la racine du mitoyen , 15 ſur la racine de l'annullaire & 16 ſur la racine du petit doigt : puis recommencer à marquer ou ſupoſer 17 ſur le bout de l'Index , 18 ſur le bout du mitoyen , 19 ſur le bout de l'annullaire & 20 ſur le bout du petit doigt ; item 21 ſur la premiere jointure de l'index , 22 ſur la premiere jointure du mitoyen , 23 ſur la premiere jointure de l'annullaire & 24 ſur la premiere jointure du petit doigt. Finalement 25 ſur la ſeconde jointure de l'index , 26 ſur la ſeconde jointure du mitoyen , 27 ſur la ſeconde jointure de l'annullaire & 28 ſur la ſeconde jointure du petit doigt , ainſi que la figure ſuivante le repreſente.

IL faut à preſent ſçavoir par cœur les ſept mots ſuivants , leſquels commencent chacun par une des ſept premieres Lettres de l'Alphabeth qui ſont le ſept Lettres Dominicales, & les appliquer ſur chacun Cycle Solaire ſupoſé ſur les doigts & jointures du dedans de la main gauche, conformément à l'équation des Lettres Dominicales du ſiecle propoſé. Voici les ſept ſuſdits mots qu'il faut ſçavoir par cœur.

Gaſſion Faiſoit Eſtime D'un Capitaine Bien Adroit.

POur joindre les ſuſdits mots avec le Cycle Solaire, il faut premierement commencer par le premier ordre de l'équation des Lettres Dominicales, qui correſpond au ſiecle preſent 1600 là où il y a CB pour un de Cycle Solaire, & faut dire ſur le bout de l'index (où eſt ſupoſé un de Cycle Solaite) *Capitaine Bien*, à cauſe de la biſſexte, *Adroit* ſur le bout du mitoyen où eſt 2 de Cycle Solaire, *Gaſſion* ſur le bout de l'annullaire où eſt 3 de Cycle Solaire, *Faiſoit* ſur le bout du petit doigt où eſt 4 de Cycle Solaire: item faut ſuppoſer les deux mots *Eſtime D'un* ſur la premiere jointure de l'index où eſt 5 de Cycle Solaire, & continuer de même ordre juſqu'au Cycle Solaire donné, tellement que la premiere Lettre du mot qui ſe rencontre avec le Cycle Solaire donné marque la Lettre Dominicale de l'année propoſée. Si le Cycle Solaire donné tombe ſur le bout ou ſur une des jointures de l'index où il y a toûjours deux des ſuſdits mots à cauſe que l'année propoſée eſt biſſextile: alors la premiere Lettre du premier mot ſervira de Lettre Dominicale depuis le premier de Janvier juſqu'au 25 de Février, & la premiere Lettre du ſecond mot doit ſervir de Lettre Dominicale le reſte de l'année, ce qui ſe voit clairement par la Table ſuivante.

Table du Cycle Solaire & des Lettres Dominicales du premier ordre de l'équation des Lettres Dominicales, qui doit servir durant les siecles 1600, 2500, 3400, 4300, 4400, 5300, *&c.*

Bissexte.		*1 année.*		*2 année.*		*3 année.*	
Cyc. Sol.	Lettre Domi.	Cyc. Sol.	Lettre Domi.	Cyc. Sol.	Lettre Domi.	Cyc. Sol.	Lettre Domi.
1	*Capitaine Bien*	2	*Adroit*	3	*Gassion*	4	*Faisoit*
5	*Estime D'un*	6	*Capitaine*	7	*Bien*	8	*Adroit*
9	*Gassion Faisoit*	10	*Estime*	11	*D'un*	12	*Capitaine*
13	*Bien Adroit*	14	*Gassion*	15	*Faisoit*	16	*Estime*
17	*D'un Capitaine*	18	*Bien*	19	*Adroit*	20	*Gassion*
21	*Faisoit Estime*	22	*D'un*	23	*Capitaine*	24	*Bien*
25	*Adroit Gassion*	26	*Faisoit*	27	*Estime*	28	*D'un*

Exemple.

EN l'année 1692, il y avoit 21 de Cycle Solaire : on demande la Lettre Dominicale.

Pour ce

Pour ce faire, il faut compter 21 de Cycle Solaire sur le bout des doigts & sur les jointures des doigts du dedans de la main gauche, comme il est enseigné ci-devant, & le Cycle Solaire 21 se rencontre sur la premiere jointure de l'index, puis aprés faut y appliquer les sept mots precedents, comme ils sont marquez dans la Table precedente & on trouvera sur ladite premiere jointure de l'index deux mots, sçavoir *Faisoit Estime*, dont la premiere Lettre du premier mot, F, doit servir de Lettre Dominicale depuis le premier de Janvier jusques au 25 de Février : & la premiere Lettre du second mot, E, doit servir le reste de ladite année 1692.

Autre Exemple.

En l'année 2546, il y aura 7 de Cycle Solaire : on demande la Lettre Dominicale.

Pour ce faire, il faut compter 7 de Cycle Solaire sur les doigts de la main gauche comme il est dit ci-devant, & se rencontrera sur la premiere jointure de l'annullaire où est marqué le mot *Bien*, & partant la Lettre Dominicale B servira pendant ladite année 2546.

Table du second ordre des équations des Lettres Dominicales, pour trouver la Lettre Dominicale, le Cycle Solaire étant connu, pendant les siecles 1700, 2600, 3500, 3600, 4500, 5400.

Bissexte.		1 année.		2 année		3 année.	
Cyc Sol.	Lettre Domi.	Cyc. Sol.	Lettre Domi.	Cyc. Sol.	Lettre Domi.	Cyc. Sol.	Lettre Domi.
1	*D'un Capitaine*	2	*Bien*	3	*Adroit*	4	*Gassion*
5	*Faisoit Estime*	6	*D'un*	7	*Capitaine*	8	*Bien*
9	*Adroit Gassion*	10	*Faisoit*	11	*Estime*	12	*D'un*
13	*Capitaine Bien*	14	*Adroit*	15	*Gassion*	16	*Faisoit*
17	*Estime D'un*	18	*Capitaine*	19	*Bien.*	20	*Adroit*
21	*Gassion Faisoit*	22	*Estime*	23	*D'un*	24	*Capitaine*
25	*Bien Adroit*	26	*Gassion*	27	*Faisoit*	28	*Estime*

DE ceci je ne donne aucun exemple attendu que la chose est tres-intelligible ; mais il est constant que l'année 1700 n'est point bissextile à cause qu'on y doit retrancher un jour , & il n'y aura qu'une Lettre Dominicale qui aura cours , quoi que le Cycle Solaire de ladite année 1700 est 1 & que je pose dans la Table precedente deux mots , sçavoir *D'un Capitaine* , vis à vis d'un de Cycle Solaire , & par consequent deux Lettres Dominicales , mais elles serviront pendant les années bissextiles 1728 , 1756 & 1784 qui n'auront qu'un de Cycle Solaire chacune : de sorte qu'en l'année 1700 il n'y aura que la Lettre C qui servira seule de Lettre Dominicale. Je prétens seulement fournir ici sept Tables pour les sept ordres de l'équation des Lettres Dominicales , comme il appert en la Table du Cycle Solaire & de l'équation des Lettres Dominicales , page 53 , comme aussi par la Table generale & perpetuelle page 108.

[Ta]ble du troisiéme ordre de l'équation des Lettres Dominicales, pour trouver la Lettre Dominicale le Cycle Solaire étant connu, pendant les siecles 1800, 2700, 2800, 3700, 4600, 5500, 5600; 6500 &c.

Bissexte.		*1 année.*		*2 année.*		*3 année.*	
Cyc. Sol.	Lettre Domi.	Cyc. Sol.	Lettre Domi.	Cyc. Sol.	Lettre Domi.	Cyc. Sol.	Lettre Domi.
1	*Estime D'un*	2	*Capitaine*	3	*Bien*	4	*Adroit*
5	*Gassion Faisoit*	6	*Estime*	7	*D'un*	8	*Capitaine*
9	*Bien Adroit*	10	*Gassion*	11	*Faisoit*	12	*Estime*
13	*D'un Capitaine*	14	*Bien*	15	*Adroit*	16	*Gassion*
17	*Faisoit Estime*	18	*D'un*	19	*Capitaine*	20	*Bien*
21	*Adroit Gassion*	22	*Faisoit*	23	*Estime*	24	*D'un*
25	*Capitaine Bien*	26	*Adroit*	27	*Gassion*	28	*Faisoit.*

EN l'année seculaire 1800, il y aura 17 de Cycle Solaire, qui donnera deux Lettres Dominicales sçavoir F E selon le troisiéme ordre des Equations, [i]l n'y aura que la Lettre E qui servira de Lettre Dominicale, attendu qu'il n'y aura point de Bissexte en l'année 1800; mais les deux Lettres FE serviront aux années 1828, 1856 & 1884, attendu qu'elles seront bissextiles,

Table du quatrième ordre de l'équation des Lettres Dominicales, pour trouver la Lettre Dominicale le Cycle Solaire étant connû pendant les siecles 1900, 2000, 2900, 3800, 4700, 4800, 5700, &c.

Bissexte.		1 *année.*		2 *année.*		3 *année.*	
Cyc. Sol.	Lettre Domi.	Cyc. Sol.	Lettre Domi.	Cyc. Sol.	Lettre Domi.	Cyc. Sol.	Lettre Domi.
1	*Faisoit Estime*	2	*D'un*	3	*Capitaine*	4	*Bien*
5	*Adroit Gassion*	6	*Faisoit*	7	*Estime*	8	*D'un*
9	*Capitaine Bien*	10	*Adroit*	11	*Gassion*	12	*Faisoit*
13	*Estime D'un*	14	*Capitaine*	15	*Bien*	16	*Adroit*
17	*Gassion Faisoit*	18	*Estime*	19	*D'un*	20	*Capitaine*
21	*Bien Adroit*	22	*Gassion*	23	*Faisoit*	24	*Estime*
25	*D'un Capitaine*	26	*Bien*	27	*Adroit*	28	*Gassion*

EN l'année feculaire 1900, il y aura 5 de Cycle Solaire qui donnera deu Lettres ; sçavoir AG, selon le quatriéme ordre ; mais il n'y aura que l Lettre G qui servira de Lettre Dominicale pendant ladite année feculaire 1900 à cause qu'elle n'est point Bissextile : mais les deux Lettres AG serviront pen dant les années 1928, 1956 & 1984, à cause qu'elles seront bissextiles.

Notez que pendant le siecle 2000 on se servira encor du quatriéme ordre d l'équation des Lettres Dominicales, attendu que l'année feculaire 2000 ser Bissextile, & toutefois & quantes qu'il arrive une année feculaire bissextile ell prend toûjours pour toute la durée de son siecle l'équation du siecle precedent.

Table du cinquiéme ordre de l'équations pour trouver la Lettre *Dominicale ; le Cycle Solaire étant connu, pendant les siecles 2100, 3000, 3900, 4000, 4900, 5800.*

Bissexte.		*1 année.*		*2 année.*		*3 année.*	
Cyc. Sol.	Lettre Domi.	Cyc. Sol.	Lettre Domi.	Cyc. Sol.	Lettre Domi.	Cyc. Sol.	Lettre Domi.
1	*Gassion Faisoit*	2	*Estime*	3	*D'un*	4	*Capitaine*
5	*Bien Adroit*	6	*Gassion*	7	*Faisoit*	8	*Estime*
9	*D'un Capitaine*	10	*Bien*	11	*Adroit*	12	*Gassion*
13	*Faisoit Estime*	14	*D'un*	15	*Capitaine*	16	*Bien*
17	*Adroit Gassion*	18	*Faisoit*	19	*Estime*	20	*D'un*
21	*Capitaine Bien*	22	*Adroit*	23	*Gassion*	24	*Faisoit.*
25	*Estime D'un*	26	*Capitaine*	27	*Bien*	28	*Adroit*

EN l'année feculaire 2100, il y aura 9 de Cycle Solaire, qui donnera deux Lettres Dominicales felon le cinquiéme ordre, fçavoir D C, mais il n'y aura que la Lettre C qui fervira de Lettre Dominicale pendant l'année feculaire 2100, à caufe qu'elle n'eft point biffextile.

Notez que ce cinquiéme ordre de l'équation des Lettres Dominicales, eft pour ceux qui fe fervent de l'ancien Calendrier.

Table du ſixième ordre de l'équation, pour trouver la Lettre Dominicale le Cycle Solaire étant connu, pendant les ſiecles 2200, 3100, 3200, 4100, 5900, 5000, &c.

Biſſexte.		*1 année.*		*2 année.*		*3 année.*	
Cyc. Sol.	Lettre Domi.	Cyc. Sol.	Lettre Domi.	Cyc. Sol.	Lettre Domi.	Cyc. Sol.	Lettre Domi.
1	*Adroit Gaſſion*	2	*Faiſoit*	3	*Eſtime*	4	*D'un*
5	*Capitaine Bien*	6	*Adroit*	7	*Gaſſion*	8	*Faiſoit*
9	*Eſtime D'un*	10	*Capitaine*	11	*Bien*	12	*Adroit*
13	*Gaſſion Faiſoit*	14	*Eſtime*	15	*D'un*	16	*Capitaine*
17	*Bien Adroit*	18	*Gaſſion*	19	*Faiſoit*	20	*Eſtime*
21	*D'un Capitaine*	22	*Bien*	23	*Adroit*	24	*Gaſſion*
25	*Faiſoit Eſtime*	26	*D'un*	27	*Capitaine*	28	*Bien*

EN l'année ſeculaire 2200 il n'y aura point de biſſexte, mais il y aura 25 de Cycle Solaire, qui donnera deux Lettres Dominicales, ſçavoir FE, & il n'y aura que la Lettre E qui ſervira de Lettre Dominicale pendant ladite année; mais pendant ledit ſiecle toutefois & quantes qu'il ſe rencontrera une année qui aura 25 de Cycle Solaire elle ſera biſſextile, & par ainſi leſdites deux Lettres FE y ſerviront de Lettres Dominicales.

ble du ſeptiéme & dernier ordre de l'équation des Lettres Dominicales, le Cycle Solaire étant connu, on pourra trouver la Lettre Dominicale pendant les ſiecles 2300, 2400, 3300, 4200, 5100, 5200, 6100, 7000, 7900, 8000, &c.

Biſſexte.		*1. année.*		*2 année.*		*3 année.*	
Cyc. Sol.	Lettre Domi.	Cyc. Sol.	Lettre Domi.	Cyc. Sol.	Lettre Domi.	Cyc. Sol.	Lettre Domi.
1	*Bien Adroit*	2	*Gaſſion*	3	*Faiſoit*	4	*Eſtime*
5	*D'un Capitaine*	6	*Bien*	7	*Adroit*	8	*Gaſſion*
9	*Faiſoit Eſtime*	10	*D'un*	11	*Capitaine*	12	*Bien*
13	*Adroit Gaſſion*	14	*Faiſoit*	15	*Eſtime*	16	*D'un*
17	*Capitaine Bien*	18	*Adroit*	19	*Gaſſion*	20	*Faiſoit*
21	*Eſtime D'un*	22	*Capitaine*	23	*Bien.*	24	*Adroit*
25	*Gaſſion Faiſoit*	26	*Eſtime*	27	*D'un*	28	*Capitaine*

EN l'année ſeculaire 2300, il y aura 13 de Cycle ſolaire, qui donnera deux Lettres ſelon le ſeptiéme & dernier ordre de l'équation, ſçavoir AG, mais il n'y aura que la Lettre G qui ſervira de Lettre Dominicale pendant ladite année, les deux Lettres ſerviront pendant les autres années, où il y aura 13 de Cycle Solaire durant ledit ſiecle Le ſiecle 2400 gardera le même ſeptiéme ordre de l'équation des Lettres Dominicales, attendu que la premiere année de ce ſiecle 2400, dite ſeculaire, ſera biſſextile.

DE LA LETTRE FERIALE.

IL y a difference entre Lettre Dominicale & Lettre Feriale ; car la Lettre Dominicale marque toûjours le Dimanche, & la Lettre Feriale montre un des autres jours de la Semaine ; & l'un & l'autre sert à trouver à quel jour de la Semaine entre le premier jour ou tel autre jour de chaque mois qu'on voudra : Et pour y parvenir il faut premierement sçavoir par cœur les douze Mots suivants, qui sont pour les douze mois, sçavoir.

Janvier,	*A*
Février,	*Dieu*
Mars,	*Donc*
Avril,	*Gassion*
May,	*Brave*
Juin,	*Et*
Juillet,	*Genereux*
Aoust,	*Cavalier*
Septembre,	*Fidelle*
Octobre,	*Appuy*
Novembre,	*Des*
Decembre,	*François.*

Il est pour constant que chacun des douze mois commence par la premiere Lettre du mot ou syllabe qui se rencontre vis à vis de chacun dans la Table ci-dessus. Tellement que Janvier commence toûjours par la Lette A, Février par D, Mars par D, Avril par G, & ainsi des autres.

Exemple.

On demande par quelle Lettre commence le premier jour de Septembre.

Pour ce faire, il faut compter depuis Janvier jusqu'à Septembre sur les douze mots susdits, & Septembre se rencontrera sur le mot *Fidelle* : & partant le premier jour de Septembre commence par la Lettre F, & ainsi des autres.

Pour trouver

Pour trouver à quel jour de la Semaine entre le premier jour d'un mois proposé, la Lettre Dominicale étant donnée.

IL faut commencer à compter Dimanche à la Lettre Dominicale donnée, & suivre l'ordre des Lettres & des jours de la Semaine jusqu'à la Lettre Feriale par laquelle le mois proposé commence, & elle marquera le jour de la Semaine auquel échet le premier jour du mois proposé.

Exemple.

En l'année 1689, il y avoit B pour Lettre Dominicale : on demande à quel jour de la Semaine doit écheoir le premier jour de Juin.

Pour ce faire, il faut considerer que le mois de Juin commence par la Lettre E, ainsi qu'il est marqué dans la Table precedente, il faut donc dire Dimanche B, Lundi C, Mardi D & Mercredi E, & partant en l'année 1689 le premier jour de Juin tomboit au Mercredi.

Pour trouver à quel jour de la Semaine doit entrer tel jour du mois qu'on voudra, la Lettre Feriale du mois proposé & la Lettre Dominicale étants donnez.

IL faut remarquer pour regle generale qu'à tel jour de la Semaine entre le premier jour du mois donné, il y revient toûjours le huitiéme, le quinziéme, le vingt-deuxiéme & le vingt-neuviéme. Cela étant tenu pour maxime il est facile de trouver le jour de la Semaine, auquel échet tel jour du mois qu'on voudra.

Exemple.

En l'année 1694, il y aura C pour Lettre Dominicale : on demande à quel jour de la Semaine doit écheoir l'onziéme jour de Septembre.

Pour ce faire, il faut premierement trouver à quel jour de la Semaine entre le premier jour de Septembre qui commence par F, en disant Dimanche C, Lundi D, Mardi E, & Mercredy F. Voila donc que le premier jour de Septembre tombe au Mercredi en ladite année, & par consequent le huitiéme

aussi : il faut donc dire Mercredi 8, Jeudi 9, Vendredi 10, & Samedi 11 ; & partant en l'année 1694 l'unziéme jour de Septembre tombera au Samedi. Ainsi des autres.

Notez qu'en l'année bissextile le vingt-quatriéme & le vingt-cinquiéme de Février, sont tous deux marquez de la Lettre F.

Pour trouver si une année proposée est bissextile ou non.

ON peut sçavoir si une année donnée est bissextile ou non par le moyen du Cycle Solaire & de la Lettre Dominicale, ainsi qu'il est enseigné cidevant ; on le peut encor trouver en divisant l'année donnée par 4, s'il ne reste rien l'année est bissextile, s'il reste un sera la premiere année d'aprés la bissexte, s'il reste 2 sera la seconde, & s'il reste 3 sera la troisiéme.

Pour trouver si une année seculaire est bissextile ou non.

APrés avoir coupé les deux dernieres figures, il faut diviser le nombre centenaire qui reste par 4, s'il ne reste rien l'année seculaire sera bissextile, s'il reste un, ou deux, ou trois l'année seculaire sera commune.

Voila deux propositions si facile à comprendre qu'il n'est point necessaire d'en donner des exemples.

DES FESTES.

CHAPITRE VI.

IL y a deux sortes de Fêtes dans le Calendrier, sçavoir les Fêtes fixes & les Fêtes mobiles : Les Fêtes fixes sont toûjours à certain jour du mois & ont toûjours une même Lettre Feriale à la reserve du jour de Saint Mathias, qui est toûjours le 24 jour de Février dans les années communes, & le vingt-cinquiéme dudit mois dans les années Bissextiles. Quand la Fête de l'Annonciation de la Sainte Vierge (qui se ceebre toûjours le vingt-cinquiéme Mars) tombe dans la Semaine depuis le Mercredi jusqu'au Mardi des Fêtes de Pâques inclusivement, elle est differée au commencement de la Semaine de Quasimodo, comme la Fête de S. Marc quand elle tombe dans les Fêtes de Pâques. Mais les Fêtes mobiles ne sont pas toûjours en un même jour du mois, car elles changent tous les ans de jour & le plus souvent de mois : C'est pourquoi on les appelle Fêtes mobiles ; dont la plus grande partie se regle sur la Fête de Pâques.

Le moyen de trouver la Fête de Pâque a été ordonné dés le Concile de Nicée, auquel il fut dit qu'elle se celebreroit toûjours le prochain Dimanche d'aprés la quatorziéme Lune de l'Equinoxe du Printems, ou la prochaine d'aprés, si cette quatorziéme Lune tombe au Dimanche, la Fête de Pâque se doit celebrer le prochain Dimanche suivant : Voila la plus veritable methode & la plus certaine, qui s'est toûjours pratiquée & pratiquera, sans qu'elle déroge à la reformation Gregorienne. Ce mot de quatorze Lunes veut dire quatorze jours de l'âge de la Lune ; parce qu'anciennement on ne disoit pas, nous avons tant de jours de Lune, mais tant de Lunes : de sorte que la Fête de Pâques se celebre toûjours entre le vingt-deuxiéme jour de Mars & le vingt-cinquiéme jour d'Avril inclusivement & non jamais plus haut ni plus bas.

Il y a plusieurs manieres pour trouver le jour auquel on doit celebrer la Fête de Pâques, car les Anciens se servoient du Nombre d'Or compris dans l'ancien Calendrier, ou de l'Epacte comprise dans la suite de 8 d'Epacte primitive, comme font encor de present quelques Nations étrangeres qui se servent encor de l'ancien Calendrier. Mais ceux qui ont reçû la reformation Gregorienne se servent du Cycle des Epactes du nouveau Calendrier ou d'autres Tables faites exprés selon le nouveau stile, d'autres plus curieux & plus laborieux se servent du calcul par le moyen de l'Epacte ; mais il y a bien des précautions à prendre au sujet des Epactes, à cause qu'un mois synodique n'est que de 29 jours & demi viron, & cependant la plûpart lui donnent 30 jours : c'est pour ce sujet que Aloysius-Lylius fameux Astronome composa un Calendrier dans lequel sont tous les jours des mois synodiques en chaque mois de toute l'année, mais en retrogradant, ausquels il donne le nom de Cycle des Epactes, à l'imitation de l'Abbé Denis qui avoit composé l'ancien Calendrier, dans lequel il avoit placé les Nombres d'Or dans quelques jours des mois de l'année, pour par icelui trouver toutes les nouvelles Lunes de l'année & les Lunes Pasquales; de sorte que celui d'Aloysius-Lylius fut presenté au Pape Gregoire treiziéme au tems de la correction en l'année 1582, lequel fut bien reçû & approuvé de toute l'assemblée, & a toûjours servi depuis & servira à l'avenir, & même on le voit encor aujourd'hui dans tous les Breviaires & autres Livres servant à l'Eglise.

Ce Calendrier contient tous les douze mois synodiques en retrogradant, ou douze Cycles des Epactes, dont il y en a six de 30 jours & six de 29 jours, pour compenser le demi; ceux qui n'ont que 29 jours marquent 24 & 25 ensemble vis-à-vis du cinquiéme Février, cinquiéme Avril, troisiéme Juin, premier Aoust, 29 Septembre & 27 de Novembre: Ils marquent encor 25 d'un autre couleur ou d'un autre caractere vis-à-vis du quatriéme Février, quatriéme Avril, deuxéme Juin, trente-uniéme Juillet, vingt-huitiéme Septembre, & vingt-sixiéme de Novembre, pour s'en servir quand il proviendra d'un Nombre d'Or au dessus d'11; ainsi comme j'ai dit dans l'explication de la Table generale de la suite des Epactes, là où j'ai renfermé ce 25 entre deux parentheses, pour le distinguer d'avec les autres. Dans les autres six Cycles des Epactes qui ont 30 jours chacun, on marque encor 25 vis-à vis de celui qui est déja placé; mais d'un autre caractere ou couleur, vis-à-vis du sixiéme Janvier, sixiéme Mars, quatriéme Mai, deuxiéme Juillet, trentiéme Aoust, vingt-huitiéme Octobre & vingt sixiéme de Decembre: & pour les distinguer on appelle ceux de 30 jours Lunes pleines, & Lunes caves ceux de 29 jours.

Il faut maintenant donner l'explication de tous les moyens dont on c'est servi & servira pour trouver le jour auquel on doit celebrer la Fête de Pâques, dont je veux commencer par le calcul: mais il faut prendre garde auparavant aux deux maximes suivantes, afin de les observer quand l'occasion se presentera.

La premiere.

Est quand l'Epacte de l'année proposée est 24, il faut prendre 25 au lieu de 24, à cause que la pleine Lune d'aprés l'équinoxe du Printems tombe en Avril, où le mois synodique ne doit avoir que 29 jours.

La seconde.

Est quand l'Epacte de l'année proposée est 25, & provenuë d'un Nombre d'Or au dessus de 11, alors il se faut servir de 26 d'Epacte au lieu de 25.

Il faut premierement trouver le jour du mois de Mars, auquel échet la pleine Lune, ainsi qu'il est enseigné au premier usage de l'Epacte Chapitre deuxiéme; si elle échet avant l'Equinoxe du Printemps, il faudra chercher le jour du mois du mois d'Avril auquel échet la pleine Lune ; dont le jour étant connu, soit en Mars ou en Avril, faudra par aprés chercher à quel jour de la Semaine arrive le jour de la pleine Lune, comme il est montré dans le Chapitre precedent, & le premier Dimanche suivant sera le jour auquel on doit celebrer la Fête de Pâque : Si ledit jour de la pleine Lune tombe au Dimanche, la Fête de Pâque se doit celebrer le prochain Dimanche d'aprés.

Exemple.

En l'année 1671, il y avoit 19 d'Epacte & D pour Lettre Dominicale ; on demande à quel jour fut celebré la Fête de Pâque.

Pour ce faire, il faut chercher la pleine Lune du mois de Mars, & elle se rencontre au vingt cinquiéme dudit mois de Mars, & par consequent aprés l'équinoxe du Printems & au Mercredi : Ainsi le prochain Dimanche suivant, qui fut le vingt neuviéme de Mars, on celebra la Fête de Pâque.

Autre Exemple.

En l'année 1678, il y avoit 7 d'Epacte & B pour Lettre Dominicale : on demande à quel jour fut celebré la Fête de Pâque.

Pour ce faire, il faut chercher à quel jour du mois de Mars la pleine Lune est arrivée, ce qui fut le septiéme dudit mois de Mars, & par consequent au dessous de l'équinoxe du Printems, c'est pourquoi il faut chercher la pleine Lune d'Avril, laquelle arriva le 6 jour au Mercredi, & partant la Fête de Pâque fut celebrée le prochain Dimanche suivant dixiéme jour dudit mois d'Avril.

Autre Exemple.

En l'année 1685, il y avoit 24 d'Epacte & G pour Lettre Dominicale : on demande à quel jour fut celebré la Fête de Pâque.

Pour ce faire, il faut chercher la pleine Lune d'aprés l'équinoxe du Printems, se servant de l'Epacte 25 au lieu de l'Epacte 24 donnée comme il est dit en la premiere maxime ci-devant & elle se trouve le 18 d'Avril au Mercredi, dont le Dimanche suivant vingt-deuxiéme dudit mois d'Avril fut le jour auquel on celebra la Fête de Pasque.

V

Autre Exemple.

En l'année 1734, il y aura 6 de Nombre d'Or, 25 d'Epacte & C pour Lettre Dominicale : on demande à quel jour on celebrera la Fête de Pâque.

Pour ce faire, il faut chercher la pleine Lune d'aprés l'équinoxe du Printemps, se servant de l'Epacte 25 puisque le Nombre d'Or est au dessous de 11, laquelle se trouve le 18 d'Avril au Dimanche, & partant le prochain Dimanche suivant vingt-cinquiéme d'Avril sera le jour auquel on doit celebrer la Fête de Pâque.

Autre Exemple.

En l'année 1935, il y aura 17 de Nombre d'Or, 25 d Epacte & F pour Lettre Dominicale : on demande à quel jour on celebrera la Fête de Pâque.

Pour ce faire il faut chercher la pleine Lune d'aprés l'équinoxe du Printems, se servant de 26 d Epacte au lieu de 25 à cause que le nombre d'Or est au dessus de 11, & elle se trouve le dix-septiéme d'Avril au Mercredi : & partant le prochain Dimanche suivant vingt-uniéme d'Avril sera le jour auquel on celebrera la Fête de Pâque.

Autre Exemple.

En l'année 2049, il y aura 17 de Nombre d'Or, 25 d'Epacte & C pour Lettre Dominicale : on demande à quel jour on celebrera la Fête de Pâque.

Pour ce faire, il faut chercher la pleine Lune d'aprés l'équinoxe du Printems, se servant de 26 d'Epacte au lieu de 25 à cause que le Nombre d'Or passe 11 & elle se trouve le 17 d'Avril, qui est au Samedi, & partant le lendemain Dimanche dix-huitiéme dudit mois d'Avril qui sera le jour de Pâque.

Voilà deux exemples qui ont les mêmes termes donnez, & cependant different, sçavoir en 1734 & en 2049, qui ont tous deux 25 d'Epacte & C pour Lettre Dominicale : leur difference provient qu'en l'année 1734 l'Epacte 25 provient d'un Nombre d'Or au dessous de 11 ; c'est pourquoi on s'est servi de 25 d'Epacte pour trouver la pleine Lune d'aprés l'équinoxe du Printems, laquelle arrivera le 18 d'Avril qui sera au Dimanche, & par consequent le Dimanche suivant vingt-cinquiéme d'Avril sera le jour de la Fête de Pâque. Mais en l'année 2049 là où il y aura 25 d'Epacte provenant d'un Nombre d'Or au dessus de 11, qui obligera de se servir de 26 d'Epacte au lieu de 25, pour avoir la pleine Lune Pasquale le dix-septiéme d'Avril au Samedi, & par consequent le lendemain Dimanche dix-huitiéme dudit Avril sera le jour de Pâque.

Moyen facile & prompt pour trouver tout d'un coup le jour de la pleine Lune d'aprés l'Equinoxe du Printems.

IL faut trouver combien la Lune a de jours le sixiéme jour de Janvier, qui est le jour de l'Epiphanie, autrement la Fête de Rois, & quand les jours de l'âge de la Lune dudit jour seront trouvez, il les faudra toûjours ôter de 109, & le reste sera compté depuis le premier jour de Janvier, donnant 31 jour pour Janvier, 28 jours à Février, aussi bien dans les années bissextiles comme dans les années communes, & 31 jour au mois de Mars, & le restant ira finir au jour de la pleine Lune requise. Mais si l'épacte de l'année proposée est 24 ou 25 provenus d'un Nombre d'Or au dessus de 11, il faudra ajoûter un aux jours de l'âge de la Lune du sixiéme jour de Janvier.

Exemple.

En l'année 1687, il y avoit 16 d'Epacte : on demande à quel jour fut la pleine Lune d'aprés l'équinoxe du Printems.

Pour ce faire, il faut trouver combien la Lune avoit de jours le sixiéme de Janvier, & elle se trouve âgée de 22 jours, lesquels faut ôter de 109, reste 87, dont il en faut soustraire 59 jours pour Janvier & Février, reste 28 de Mars qui est le jour de la pleine Lune requise.

Autre Exemple.

En l'année 1905, il y aura 24 d'Epacte : on demande le jour de la pleine Lune d'aprés l'équinoxe du Printems.

Pour ce faire, la Lune étant en conjonction le 6 de Janvier, il faut seulement ôter 90 pour Janvier, Février & Mars de 109, reste le dix-neuviéme d'Avril : mais comme Avril est un mois cave il faut diminuer un jour : & partant la pleine Lune requise sera le dix-huitiéme d'Avril.

Autre Exemple.

En l'année 2106, il y aura 17 de Nombre d'Or & 25 d'Epacte ; on demande le jour de la pleine Lune d'aprés l'équinoxe du Printems.

Pour ce faire, il faut ajoûter un avec un jour de Lune le sixiéme de Janvier, à cause que l'Epacte de ladite année est 25, & que le Nombre d'Or est au dessus de 11, font ensemble 2, lesquels faut ôter de 109, reste 107, dont il en faut ôter 90 pour Janvier, Février & Mars, reste le 17 d'Avril, qui est le jour de la pleine Lune requise.

Notez quand l'Epacte de l'année proposée est 25 & provenuë d'un Nombre d'Or de 11 & au dessous, on s'en servira comme il s'est trouvé ; mais si l'Epacte 25 provient d'un Nombre d'Or au dessus de 11, il faudra toûjours ajoûter une unité aux jours de Lune du sixiéme de Janvier.

Aprés avoir donné le moyen de trouver la Fête de Pâque par le calcul, il faut maintenant voir la methode de la trouver par le moyen des Tables, dont nous commencerons par la Table suivante, laquelle se voit dans tous les Breviaires & autres Livres d'Eglise.

Table perpetuelle

Table generalle & perpetuelle pour trouver la Fête de Pâques & les autres Fêtes mobiles.

Lettres Domi.	Cycle des Epactes.	Septuagesime.	Les Cendres.	Pasque.	Ascension.	Pentecôte.	La Fête de Dieu.	Premier Dimanche d'Avent	Dim. entre l'Av & la Pentecôte.
D	23	18 I	4 F	22 M	30 A	10 M	21 M	29 N	28
	22.21.20.19.18.17.16	25 I	11 F	29 M	7 M	17 M	28 M	29 N	27
	15.14.13.12.11.10.9.	1 F	18 F	5 A	14 M	24 M	4 I	29 N	26
	8.7.6.5.4.3.2.	8 F	25 F	12 A	21 M	31 M	11 I	29 N	25
	1.0.29.28.27.26.(25.)25.24	15 F	4 M	19 A	28 M	7 I	18 I	29 N	24
E	23.22	19 I	5 F	23 M	1 M	11 M	22 M	30 N	28
	21.20.19.18.17.16.15	26 I	12 F	30 M	8 M	18 M	29 M	30 N	27
	14.13.12.11.10.9.8	2 F	19 F	6 A	15 M	25 M	5 I	30 N	26
	7.6.5.4.3.2.1	9 F	26 F	13 A	22 M	1 I	12 I	30 N	25
	0.29.28.27.26.(25.)25.24	16 F	5 M	20 A	29 M	8 I	19 I	30 N	24
F	23.22.21.	20 I	6 F	24 M	2 M	12 M	23 M	1 D	28
	20.19.18.17.16.15.14.	27 I	13 F	31 M	9 M	19 M	30 M	1 D	27
	13.12.11.10.9.8.7	3 F	20 F	7 A	16 M	26 M	6 I	1 D	26
	6.5.4.3.2.1.0	10 F	27 F	14 A	23 M	2 I	13 I	1 D	25
	29 28.27.26.(25.)25.24	17 F	6 M	21 A	30 M	9 I	20 I	1 D	24
G	23.22.21.20	21 I	7 F	25 M	3 M	13 M	24 M	2 D	28
	19.18.17.16.15.14.13	28 I	14 F	1 A	10 M	20 M	31 M	2 D	27
	12.11.10 9 8.7.6	4 F	21 F	8 A	17 M	27 M	7 I	2 D	26
	5.4.3.2.1.0.2.29.	11 F	28 F	15 A	24 M	3 I	14 I	2 D	25
	28.27.26.(25.)25.24	18 F	7 M	22 A	31 M	10 I	21 I	2 D	24
A	23.22.21.20 19	22 I	8 F	26 M	4 M	14 M	25 M	3 D	28
	18.17.16.15.14.13.12.	29 I	15 F	2 A	11 M	21 M	1 I	3 D	27
	11.10.9 8.7.6.5	5 F	22 F	9 A	18 M	28 M	8 I	3 D	26
	4.3.2.1.0.29.28	12 F	29 F / 1 M	16 A	25 M	4 I	15 I	3 D	25
	27.26.(25.)25.24	19 F	8 M	23 A	1 I	11 I	22 I	3 D	24
B	23.22.21.20.19.18	23 I	2 F	27 M	5 M	15 M	26 M	27 N	27
	17.16.15.14.13.12.11.	30 I	16 F	3 A	12 M	22 M	2 I	27 N	26
	10.9.8.7.6.5.4.	6 F	23 F	10 A	19 M	29 M	9 I	27 N	25
	3.2.1.0.29.28.27	13 F	2 M	17 A	26 M	5 I	16 I	27 N	24
	26.(25.)25.24.	20 F	9 M	24 A	2 I	12 I	23 I	27 N	23
C	23.22 21.20.19.18.17	24 I	10 F	28 M	6 M	16 M	27 M	28 N	27
	16.15.14.13.12.11.10	31 I	17 F	4 A	13 M	23 M	3 I	28 N	26
	9.8.7.6.5.4.3	7 F	24 F	11 A	20 M	30 M	10 I	28 N	25
	2.1.0.29.28.27.26.(25.)	14 F	3 M	18 A	27 M	6 I	17 I	28 N	24
	25.24	21 F	10 M	25 A	3 I	13 I	24 I	28 N	23

Explication & usage de ladite Table.

LA premiere Colomne de ladite Table contient les sept Lettres Dominicales, la seconde Colomne contient sept Cycles des Epactes, depuis o jusques à 29 inclusivement, en cinq ordres, & vis à vis de chaque ordre se rencontre (dans les autres Colomnes) le Dimanche de la Septuagesime, le Mercredi des Cendres, la Fête de Pâque, l'Ascension, la Pentecôte, la Fête de Dieu, le premier Dimanche d'Avent, & les Dimanches d'entre la Pentecôte & l'Avent : ce qui se voit plus clairement dans ladite Table.

Pour donc trouver le jour auquel la Fête de Pâque se doit celebrer par le moyen de ladite Table, il faut sçavoir l'Epacte & la Lettre Dominicale de l'année proposée, puis chercher dans la premiere Colomne la Lettre Dominicale, faut encor chercher l'Epacte dans les cinq ordres du Cycle des Epactes qui sont vis à vis de la Lettre Dominicale, & suivre toûjours l'ordre ou se rencontre l'Epacte, & on trouvera dans les autres Colomnes le jour du mois auquel échet premierement le Dimanche de la Septuagesime, les Cendres, la Pâque, & les autres Fêtes qui suivent.

Exemple.

En l'année 1689, il y avoit 8 d'Epacte & B pour Lettre Dominicale : on demande à quel jour fut celebré la Fête de Pâque & les autres Fêtes mobiles.

Pour ce faire, il faut chercher dans ladite Table 8 d'Epacte vis à vis de la Lettre Dominicale B, & on trouvera les 8 d'Epacte dans le troisiéme ordre, dans la suite duquel on trouvera le Dimanche de la Septuagesime le sixiéme de Février, le Mercredi des Cendres le vingt-troisiéme Février, le Dimanche de Pâque le dixiéme Avril, l'Ascension le dix-neuviéme Mai, la Pentecôte le vingt-neuviéme Mai, la Fête de Dieu le neuviéme Juin, le premier Dimanche d'Avent, le vingt-septiéme Novembre : on trouve encor à la fin dudit ordre qu'il y a 25 Dimanches entre la Pentecôte & le premier Dimanche d'Avent.

Notez que dans la Table precedente & dans les suivantes les mois seront exprimez seulement par leur premiere Lettre, comme Janvier sera marqué par la Lettre I, Février par la Lettre F, Mars par la Lettre M, Avril par la Lettre A, Mai par la Lettre M, Juin par la Lettre I, &c.

Exemple.

En l'année 1954, il y aura 17 de Nombre d'Or ; 25 d'Epacte & C pour Lettre Dominicale : on demande le jour auquel on celebrera la Fête de Pâque & les autres Fêtes mobiles.

Il faut chercher dans ladite precedente Table 25 d'Epacte vis à vis de la Lettre Dominicale C, & on trouvera 25 d'Epacte dans le quatriéme ordre renfermé entre deux parenthezes, on trouvera encor 25 d'épacte dans le cinquiéme ordre à l'ordinaire sans être renfermé, sçavoir lequel des deux il faut prendre. J'ai déja dit ci-devant que toutefois & quantes que le Nombre d'Or (qui donne 25 d'Epacte sera plus grand que 11, il faudra renfermer les 25 d'Epacte entre deux parenthezes, pour faire connoître qu'il est inutile & qu'il faut prendre 26 d'Epacte au lieu de 25 : or comme en cét exemple le Nombre d'Or est 17 & qui donne 25 d'Epacte, qui doit être renfermé entre deux parenthezes afin de le quitter & de prendre 26 d'Epacte, lequel se rencontre dans le quatriéme ordre vis à vis de la Lettre C, dans lequel ordre on trouvera la Fête de Pâque le dix-huitiéme d'Avril & les autres Fêtes suitamment.

Notez que cette difficulté ne se rencontre jamais que quand la Lettre Dominicale est C & l'Epacte 25, car tantost la fête de Pâque ce celebre le vingtcinquiéme d'Avril quand le Nombre d'Or est au dessous de 11, & le 18 quand il est au dessus.

Autre Table pour trouver la Fête de Pâque & les autres Fêtes mobiles, laquelle est encor dans les Livres d'Eglise, de laquelle en voicy l'explication & l'usage.

LA premiere Colomne de ladite Table contient le Nombre d'Or, ainsi qu'il est dans l'ancien Calendrier duquel on se servoit anciennement pour trouver la Fête de Pâque : la seconde Colomne contient toutes les Epactes, la troisiéme contient les Lettres Dominicales repetées plusieurs fois, la quatriéme Colomne contient tous les jours des mois de Mars & d'Avril ausquels on peut celebrer la Fête de Pâque, c'est à dire depuis le vingt-deuxiéme de Mars jusqu'au 25 d'Avril inclusivement. J'ai mis au haut de ladite Colomne 21 au dessus de 22, quoi que la Fête de Pâque n'y arrive jamais, ç'a été seulement pour trouver la pleine Lune d'aprés l'équinoxe du Printems, autrement les pleines Lunes Pasqualles, de sorte que lesdites pleines Lunes & le jour de la Fête de Pâque se trouvent dans ladite quatriéme Colomne : & quand la Fête de Pâque est une fois connuë les autres Festes mobiles se trouvent de Colomne en Colomne dans la même ligne.

Exemple.

En l'année 1695, il y aura 15 d'Epacte, & B pour Lettre Dominicale : on demande à quel jour on celebrera la Feste de Pâques & les autres Festes mobiles.

Pour ce faire, il faut chercher 15 d'Epacte dans la seconde Colomne, & on trouvera en la mesme ligne dans la troisiéme Colomne la Lettre D, d'où il faut descendre le long des Lettres jusques à la Lettre B, & vis-à-vis on trouvera en la quatriéme Colomne troisiéme Avril, qui est le jour auquel on doit celebrer la Feste de Pâque, & dans la mesme ligne on trouvera les autres Festes mobiles.

Notez qu'en la ligne de 15 d'Epacte & en la susdite quatriéme Colomne on trouve 29 de Mars, qui est le jour de la pleine Lune d'aprés l'équinoxe du Printems.

Table ancienne

Table ancienne & nouvelle reformée, pour trouver la Feste de Pâque & les autres Festes mobiles.

Nombre d'Or.	Epactes.	Lettres Dominicales.	Pâque.		Les Cendres.		Septuagesime.		Ascension.		Pentecôte.		Fête de Dieu.		Premier Dimanche d'Avent		Diman. entre la Pent. & l'Av.
16	23		21														
5	22	D	22	M	18	I	4	F	30	A	10	M	21	M	29	N	28
	21	E	23	M	19	I	5	F	1	M	11	M	22	M	30	N	28
13	20	F	24	M	20	I	6	F	2	M	12	M	23	M	1	D	28
2	19	G	25	M	21	I	7	F	3	M	13	M	24	M	2	D	28
	18	A	26	M	22	I	8	F	4	M	14	M	25	M	3	D	28
10	17	B	27	M	23	I	9	F	5	M	15	M	26	M	27	N	27
	16	C	28	M	24	I	10	F	6	M	16	M	27	M	28	N	27
18	15	D	29	M	25	I	11	F	7	M	17	M	28	M	29	N	27
7	14	E	30	M	26	I	12	F	8	M	18	M	29	M	30	N	27
	13	F	31	M	27	I	13	F	9	M	19	M	30	M	1	D	27
15	12	G	1	A	28	I	14	F	10	M	20	M	31	M	2	D	27
4	11	A	2	A	29	I	15	F	11	M	21	M	1	I	3	D	27
	10	B	3	A	30	I	16	F	12	M	22	M	2	I	27	N	26
12	9	C	4	A	31	I	17	F	13	M	23	M	3	I	28	N	26
1	8	D	5	A	1	F	18	F	14	M	24	M	4	I	29	N	26
	7	E	6	A	2	F	19	F	15	M	25	M	5	I	30	N	26
9	6	F	7	A	3	F	20	F	16	M	26	M	6	I	1	D	25
	5	G	8	A	4	F	21	F	17	M	27	M	7	I	2	D	26
17	4	A	9	A	5	F	22	F	18	M	28	M	8	I	3	D	26
6	3	B	10	A	6	F	23	F	19	M	29	M	9	I	27	N	25
	2	C	11	A	7	F	24	F	20	M	30	M	10	I	28	N	25
14	1	D	12	A	8	F	25	F	21	M	31	M	11	I	29	N	25
3	0	E	13	A	9	F	26	F	22	M	1	I	12	I	30	N	25
	29	F	14	A	10	F	27	F	23	M	2	I	13	I	1	D	25
11	28	G	15	A	11	F	28	F	24	M	3	I	14	I	2	D	25
	27	A	16	A	12	F	1	M	25	M	4	I	15	I	3	D	25
19	(25) 26	B	17	A	13	F	2	M	26	M	5	I	16	I	27	N	24
8	25. 24	C	18	A	14	F	3	M	27	M	6	I	17	I	28	N	24
		D	19	A	15	F	4	M	28	M	7	I	18	I	29	N	24
		E	20	A	16	F	5	M	29	M	8	I	19	I	30	N	24
		F	21	A	17	F	6	M	30	M	9	I	20	I	1	D	24
		G	22	A	18	F	7	M	31	M	10	I	21	I	2	D	24
		A	23	A	19	F	8	M	1	I	11	I	22	I	3	D	24
		B	24	A	20	F	9	M	2	I	12	I	23	I	27	N	23
		C	25	A	21	F	10	M	3	I	13	I	24	I	28	N	23

Voicy une autre Table pour trouver la Feste de Pâque & les autres Festes mobiles laquelle j'ai construite sur les deux Tables precedentes.

LA premiere & seconde Colomne contiennent les sept Lettres Dominicales & les sept Cycles des Epactes ; mais la premiere Table precedente commence par la Lettre D, & celle-ci commence par la Lettre A : la troisiéme Colomne contient les semaines & les jours qu'il y a entre le jour de Noël & le Dimanche de la Quinquagesime, appellée premiere intervalle, la quatriéme Colomne contient encor les jours & semaines d'entre Noël & la Quinquagesime, appellée seconde intervalle, mais dans un autre ordre que la premiere : les autres Colomnes contiennent les Festes mobiles dans le mesme ordre qu'elles sont dans la seconde Table precedente.

Pour ce servir de ladite Table suivante il faut toûjours que l'Epacte & la Lettre Dominicale de l'année donnée soient connus, puis chercher l'Epacte dans le Cycle des Epactes qui est vis à vis de la Lettre Dominicale donnée, & suivre l'ordre ou la ligne où est l'Epacte jusqu'à la Colomne du premier intervalle, & on y trouvera les semaines & les jours d'entre Noël & la Quinquagesime, lesquelles semaines & jours faut chercher dans la Colomne du second intervalle, & suivre la ligne où il se trouvera, on aura la Feste de Pâque & les autres Festes mobiles.

Autre Exemple.

En l'année 1650, il y avoit 27 d'Epacte & B pour Lettre Dominicale : on demande à quel jour fut celebré la Feste de Pâque & les autres Festes mobiles.

Il faut chercher 27 d'Epacte dans le Cycle des Epactes qui est vis à vis de la Lettre B, & ledit Cycle se trouve dans la quatriéme ligne ; & on trouve vis à vis en la Colomne du premier intervalle 7, 1, qui veut dire qu'il y a sept semaines & un jour entre Noël & la Quinquagesime : il faut donc chercher 7, 1 dans la Colomne du second intervalle, & on trouvera que la Feste de Pâque fut celebrée le dix-septiéme d'Avril ; & ainsi des autres Fêtes mobiles.

Ce que je trouve de plus admirable & de curieux dans les trois Tables precedentes, c'est qu'elles peuvent servir à perpetuité sçachant la vraye Epacte & la vraye Lettre Dominicale de l'année proposée tant dans le nouveau que l'ancien Calendrier.

able curieuse & perpetuelle pour trouver la Fête de Pâque & les autres Fêtes mobiles.

ettres omi.	Cycle des Epactes.	1. intervalle entre Noël & la Septua.	2. intervalle entre Noël & la Septua.	Septuagesime.	Les Cendres.	Pasque.	Ascension.	Pentecôte.	La Fête de Dieu.	Premier Dimanche d'Avent	Dim. entre l'Av. & la Pentecôte.
A	23. 22. 21. 20. 19	4 0	3 3	18 I	4 F	22 M	30 A	10 M	21 M	29 N	28
	18. 17. 16. 15. 14. 13. 12.	5 0	3 4	19 I	5 F	23 M	1 M	11 M	22 M	30 N	28
	11. 10. 9. 8. 7. 6. 5	6 0	3 5	20 I	6 F	24 M	2 M	12 M	23 M	1 D	28
	4. 3. 2. 1. 0. 29. 28	7 0	3 6	21 I	7 F	25 M	3 M	13 M	24 M	2 D	28
	27. 26. (25.) 25. 24	8 0	4 0	22 I	8 F	26 M	4 M	14 M	25 M	3 D	28
B	23. 22. 21. 20. 19. 18	4 1	4 1	23 I	9 F	27 M	5 M	15 M	26 M	27 N	27
	17. 16. 15. 14. 13. 12. 11	5 1	4 2	24 I	10 F	28 M	6 M	16 M	27 M	28 N	27
	10. 9. 8. 7. 6. 5. 4.	6 1	4 3	25 I	11 F	29 M	7 M	17 M	28 M	29 N	27
	3. 2. 1. 0. 29. 28. 27	7 1	4 4	26 I	12 F	30 M	8 M	18 M	29 M	30 N	27
	26. (25.) 25. 24.	8 1	4 5	27 I	13 F	31 M	9 M	19 M	30 M	1 D	27
C	23. 22. 21. 20. 19. 18. 17	4 2	4 6	28 I	14 F	1 A	10 M	20 M	31 M	2 D	27
	16. 15. 14. 13. 12. 11. 10	5 2	5 0	29 I	15 F	2 A	11 M	21 M	1 I	3 D	27
	9. 8. 7. 6. 5. 4. 3	6 2	5 1	30 I	16 F	3 A	12 M	22 M	2 I	27 N	26
	2. 1. 0. 29. 28. 27. 26. (25.)	7 2	5 2	31 I	17 F	4 A	13 M	23 M	3 I	28 N	26
	25. 24	8 2	5 3	1 F	18 F	5 A	14 M	24 M	4 I	29 N	26
D	23	3 3	5 4	2 F	19 F	6 A	15 M	25 M	5 I	30 N	26
	22. 21. 20. 19. 18. 17. 16	4 3	5 5	3 F	20 F	7 A	16 M	26 M	6 I	1 D	26
	15. 14. 13. 12. 11. 10. 9.	5 3	5 6	4 F	21 F	8 A	17 M	27 M	7 I	2 D	26
	8. 7. 6. 5. 4. 3. 2.	6 3	6 0	5 F	22 F	9 A	18 M	28 M	8 I	3 D	26
	1. 0. 29. 28. 27. 26. (25.) 25. 24	7 3	6 1	6 F	23 F	10 A	19 M	29 M	9 I	27 N	25
E	23. 22	3 4	6 2	7 F	24 F	11 A	20 M	30 M	10 I	28 N	25
	21. 20. 19. 18. 17. 16. 15	4 4	6 3	8 F	25 F	12 A	21 M	31 M	11 I	29 N	25
	14. 13. 12. 11. 10. 9. 8	5 4	6 4	9 F	26 F	13 A	22 M	1 I	12 I	30 N	25
	7. 6. 5. 4. 3. 2. 1	6 4	6 5	10 F	27 F	14 A	23 M	2 I	13 I	1 D	25
	0. 29. 28. 27. 26. (25.) 25. 24	7 4	6 6	11 F	28 F	15 A	24 M	3 I	14 I	2 D	25
F	23. 22. 21.	3 5	7 0	12 F	1 M	16 A	25 M	4 I	15 I	3 D	25
	20. 19. 18. 17. 16. 15. 14.	4 5	7 1	13 F	2 M	17 A	26 M	5 I	16 I	27 N	24
	13. 12. 11. 10. 9. 8. 7	5 5	7 2	14 F	3 M	18 A	27 M	6 I	17 I	28 N	24
	6. 5. 4. 3. 2. 1. 0	6 5	7 3	15 F	4 M	19 A	28 M	7 I	18 I	29 N	24
	29. 28. 27. 26. (25.) 25. 24	7 5	7 4	16 F	5 M	20 A	29 M	8 I	19 I	30 N	24
G	23. 22. 21. 20	3 6	7 5	17 F	6 M	21 A	30 M	9 I	20 I	1 D	24
	19. 18. 17. 16. 15. 14. 13	4 6	7 6	18 F	7 M	22 A	31 M	10 I	21 I	2 D	24
	12. 11. 10. 9. 8. 7. 6	5 6	8 0	19 F	8 M	23 A	1 I	11 I	23 I	3 D	24
	5. 4. 3. 2. 1. 0. 29	6 6	8 1	20 F	9 M	24 A	2 I	12 I	24 I	27 N	23
	28. 27. 26. (25.) 25. 24	7 6	8 2	[illegible]1 F	10 M	25 A	3 I	13 I	25 I	28 N	23

Autre Table pour trouver la Feste de Pâque, curieuse dans son racourci, de laquelle on se peut servir fort aisément sans peine, sçachant seulement le nombre d'Or & la Lettre Dominicale de l'année proposée, prise dans un Livre imprimé à Amsterdam en l'année 1667, chez Henry Danker Marchand Libraire, ladite Table est en la page 15 dudit Livre.

Nombre d'Or.	*Table Hollandoise pour trouver la Feste de Pâque.*						
	A	B	C	D	E	F	G
1	16 A	17 A	15 : A	19 A	13 A	14 A	15 A
2	2 A	3 A	4 A	5 A	6 A	7 A	8 A
3	26 M	27 M	28 M	22 M	23 M	24 M	25 M
4	16 A	10 A	11 A	12 A	13 A	14 A	15 A
5	2 A	3 A	4 A	5 A	30 M	31 M	1 A
6	23 A	24 A	18 A	19 A	20 A	21 A	24 : A
7	9 A	10 A	11 A	12 A	13 A	7 A	8 A
8	2 A	27 M	28 M	29 M	30 M	31 M	1 A
9	16 A	17 A	18 A	19 A	20 A	21 A	15 A
10	9 A	10 A	4 A	5 A	6 A	7 A	8 A
11	26 M	27 M	28 M	29 M	30 M	24 M	25 M
12	16 A	17 A	18 A	12 A	13 A	14 A	15 A
13	2 A	3 A	4 A	5 A	6 A	7 A	1 A
14	23 A	24 A	25 A	19 A	20 A	21 A	22 A
15	9 A	10 A	11 A	12 A	13 A	14 A	15 A
16	2 A	3 A	4 A	29 M	30 M	31 M	1 A
17	23 A	17 A	18 A	19 A	20 A	21 A	22 A
18	9 A	10 A	11 A	12 A	6 A	7 A	8 A
19	26 M	27 M	28 M	29 M	30 M	31 M	1 A

Vsage de ladite Table.

POur se servir de ladite Table, il faut chercher le Nombre d'Or de l'année proposée en la premiere Colomne de ladite Table, & la Lettre Dominicale au haut d'icelle, & on trouvera le jour auquel on doit celebrer la Fête de Pâque au droit dudit Nombre d'Or.

Exemple.

En l'année 1698, il y aura 8 de Nombre d'Or & E pour Lettre Dominicale: on demande à quel jour on celebrera la Fête de Pasques.

Pour ce faire, il faut chercher en la premiere Colomne 8 de Nombre d'Or & la Lettre E au haut de ladite Table; qui donnera vis à vis du Nombre d'Or, le 30 Mars, qui sera le jour de la Fête de Pâque.

La facilité de cette Table est si grande que je n'en donnerai pas davantage d'Exemples. Mais il faut remarquer qu'elle ne peut servir que pendant le siecle 1600, & je l'ai confrontée & examinée d'an en an depuis 1600 jusqu'à 1699, laquelle j'ai trouvée tres-precise, à la reserve de deux fautes tres-lourdes, qui proviennent plûtost de l'Imprimeur que non pas de l'Autheur, desquelles je parlerai ci-aprés. Je l'ai encor examinée sur les deux siecles à venir, là où j'ai trouvé bien des endroits où elle ne convenoit point; ce qui confirme qu'elle n'a été construite que pour le siecle present, & je veux faire voir que toutes les Tables qui servent à trouver la Fête de Pâque par le moyen du Nombre d'Or selon le nouveau stile, ne peuvent servir que pendant le siecle pour qui elles sont construites. En voici la raison.

Le Concile de Nicée a statué qu'on doit toûjours celebrer la Fête de Pâque le prochain Dimanche d'aprés la quatorziéme Lune de l'équinoxe du Printems ou la prochaine d'aprés, c'est à dire le prochain Dimanche suivant la pleine Lune, ou immediatement celle qui suit. Or est-il que cette pleine Lune ne se peut jamais trouver par le Nombre d'Or selon le nouveau stile à perpetuité, mais bien par l'Epacte, & comme le Nombre d'Or changera en certain tems à venir de posture avec l'Epacte, conformément à la Reformation Gregorienne, on ne peut pas toûjours s'en servir pour trouver la Fête de Pâque; pour preuve, au tems du Concile de Nicée l'épacte primitive étoit 8; précedent la Reformation Gregorienne l'Epacte primitive étoit 11, ce qui se voit encor dans les Calendriers Anglois; pendant le siecle present l'Epacte primitive est un; pendant les deux siecles 1700 & 1800 l'Epacte primitive sera nulle, & durant les trois siecles 1900, 2000 & 2100 l'Epacte primitive sera 29. Je dis encor comme j'ai dit au Chapitre des Epactes, que Epacte primitive est celle qui correspond à un de Nombre d'Or, afin qu'on n'en ignore. Il faut donc demeurer d'accord que ce n'est point le Nombre d'Or qui sert à trouver les pleines Lunes Pasquales, & que c'est l'Epacte: par ainsi la Table precedente ne peut être perpetuelle, mais elle est tres bonne pour le siecle present, & je l'estime beaucoup pour son peu d'embaras, au moyen qu'elle soit corrigée.

Je me trouve en quelque façon obligé d'avertir charitablement ceux qui se serviront de ladite Table & ceux qui en tireront des copies, que l'Autheur qui l'a composée ou l'Imprimeur qui l'a imprimée, ont fait deux fautes dans ladite Table: Voici la premiere. Vis-à-vis un de Nombre d'Or, à la Lettre Dominicale C, marque le 15 d'Avril: & moi je dis que cela est faux & que ce doit être le 18 d'Avril & non le 15: Pour preuve, qu'on cherche dans un Calendrier, Almanach ou Heures si le 15 d'Avril se rencontre vis-à vis de la Lettre C, ce qui ne se trouvera point: outre plus la plus part des Navigateurs sçavent que le premier jour d'Avril commence toûjours par la Lettre G, & par consequent le 15 est aussi vis à vis la Lettre G & non du C: & ce que je trouve de plus remarquable à cette faute est que un de Nombre d'Or ne se rencontre point avec la Lettre C dans le siecle present, & il ne s'y rencontrera qu'en l'année 1824, là où ladite Table ne servira plus.

La seconde faute est vis à-vis de 6 de Nombre d'Or, en la Lettre G, où il y a 24 d'Avril; & moi je dis que ce doit être le vingt deuxiéme d'Avril, pour preuve, je viens de dire que le premier jour d'Avril commençe toûjours par la Lettre G, & par consequent le huitiéme, quinziéme, vingt-deuxiéme & vingt neuviéme sont encor joints la Lettre G: de sorte qu'en l'année 1696 on verra cette faute.

Sçachant bien que ce Livre Hollandois est répandu par tout, & que j'en ai vû à beaucoup de personnes, j'ai bien voulu marquer ces deux erreurs afin qu'on s'en donne de garde, de peur qu'elles n'apportent quelque dispute dans les Academies. C'en est assez parlé, je les laisse dans la Table precedente comme le Hollandois les met dans la sienne, mais je les marques de deux points chacune, afin que ceux qui auront ledit Livre Hollandois y ayent recours pour les corriger ; à cela prés je trouve ladite Table tres-bonne pour le siecle present, ne pouvant servir plus outre.

Table pour trouver la Fête de Pâque, suivant la precedente.

A L'imitation de la precedente Table, j'en ai composé une sous les mêmes Lettres Dominicales, mais en la premiere Colomne j'ai mis un Cycle des Epactes au lieu du Nombre d'Or pour la rendre perpetuelle, & dans la seconde Colomne j'ai mis toutes les pleines Lunes Pasqualles, lesquelles se trouvent vis à vis de leur Epacte donnée, quoi qu'il n'en est pas necessaire, & pour se servir de ladite Table suivante il faut seulement prendre l'Epacte de l'année proposée, & donnera vis-à-vis en la Colomne de la Lettre Dominicale de la même année le jour du mois de Mars ou d'Avril auquel on doit celebrer la Fête de Pâque : Cette methode est si facile que je n'en donnerai aucun Exemple. Voyez la Table suivante.

Autre Table perpetuelle pour trouver la Feste de Pâque par l'ancien & le nouveau Calendrier

Epactes.	*Pleines Lunes d'après l'Equinoxe du Primems.*		A		B		C		D		E		F		G	
0	13	A	16	A	17	A	18	A	19	A	20	A	14	A	15	A
1	12	A	16	A	17	A	18	A	19	A	13	A	14	A	15	A
2	11	A	16	A	17	A	18	A	12	A	13	A	14	A	15	A
3	10	A	16	A	17	A	11	A	12	A	13	A	14	A	15	A
4	9	A	16	A	10	A	11	A	12	A	13	A	14	A	15	A
5	8	A	9	A	10	A	11	A	12	A	13	A	14	A	15	A
6	7	A	9	A	10	A	11	A	12	A	13	A	14	A	8	A
7	6	A	9	A	10	A	11	A	12	A	13	A	7	A	8	A
8	5	A	9	A	10	A	11	A	12	A	6	A	7	A	8	A
9	4	A	9	A	10	A	11	A	5	A	6	A	7	A	8	A
10	3	A	9	A	10	A	4	A	5	A	6	A	7	A	8	A
11	2	A	9	A	3	A	4	A	5	A	6	A	7	A	8	A
12	1	A	2	A	3	A	4	A	5	A	6	A	7	A	8	A
13	31	M	2	A	3	A	4	A	5	A	6	A	7	A	1	A
14	30	M	2	A	3	A	4	A	5	A	6	A	31	M	1	A
15	29	M	2	A	3	A	4	A	5	A	30	M	31	M	1	A
16	28	M	2	A	3	A	4	A	29	M	30	M	31	M	1	A
17	27	M	2	A	3	A	28	M	29	M	30	M	31	M	1	A
18	26	M	2	A	27	M	28	M	29	M	30	M	31	M	1	A
19	25	M	26	M	27	M	28	M	29	M	30	M	31	M	1	A
20	24	M	26	M	27	M	28	M	29	M	30	M	31	M	25	M
21	23	M	26	M	27	M	28	M	29	M	30	M	24	M	25	M
22	22	M	26	M	27	M	28	M	29	M	23	M	24	M	25	M
23	21	M	26	M	27	M	28	M	22	M	23	M	24	M	25	M
25 24	18	A	23	A	24	A	25	A	19	A	20	A	21	A	22	A
(25) 26	17	A	23	A	24	A	18	A	19	A	20	A	21	A	22	A
27	16	A	23	A	17	A	18	A	19	A	20	A	21	A	22	A
28	15	A	16	A	17	A	18	A	19	A	20	A	21	A	22	A
29	14	A	16	A	17	A	18	A	19	A	20	A	21	A	15	A

Autre Table pour trouver les nouvelles Lunes de Mars & d'Avril, & la Fête de Pâque.

ENcor ne faut-il pas negliger ce Calendrier Gregorien, auquel on a inseré les Epactes pour toute l'année, afin de s'en servir à trouver les nouvelles Lunes, & principalement la Fête de Pâque, duquel Calendrier j'expose une partie, qui comprend seulement les mois de Mars & d'Avril par la Table suivante, dans laquelle il faut chercher l'Epacte donnée depuis le huitiéme de Mars jusqu'au cinquiéme d'Avril, puis compter dudit jour inclusivement jusqu'à 14, & là où le quatorziéme écherra, sera le jour de la pleine Lune Pasquale, & dudit jour faudra descendre le long des Lettres Dominicales jusqu'à la Lettre donnée, & elle se rencontrera vis à vis du jour de Mars ou d'Avril auquel on doit celebrer la Fête de Pâque: Si le quatorziéme se rencontre vis à vis de la Lettre Dominicale donnée, il faudra prendre la prochaine suivante & elle donnera le jour requis.

MARS.			AVRIL		
Iours.	Lettres Dominicales.	Cycle des Epactes.	Iours.	Lettres Dominicales.	Cycle des Epactes.
1	D	0	1	G	29
2	E	29	2	A	28
3	F	28	3	B	27
4	G	27	4	C	(25) 26
5	A	26	5	D	25. 24
6	B	(25) 25	6	E	23
7	C	24	7	F	22
8	D	23	8	G	21
9	E	22	9	A	20
10	F	21	10	B	19
11	G	20	11	C	18
12	A	19	12	D	17
13	B	18	13	E	16
14	C	17	14	F	15
15	D	16	15	G	14
16	E	15	16	A	13
17	F	14	17	B	12
18	G	13	18	C	11
19	A	12	19	D	10
20	B	11	20	E	9
21	C	10	21	F	8
22	D	9	22	G	7
23	E	8	23	A	6
24	F	7	24	B	5
25	G	6	25	C	4
26	A	5	26	D	3
27	B	4	27	E	2
28	C	3	28	F	1
29	D	2	29	G	0
30	E	1	30	A	29
31	F	0			

Exemple.

En l'année 1693, il y aura 23 d'Epacte & D pour Lettre Dominicale : on demande à quel jour on celebrera la Fête de Pâque.

Pour ce faire, il faut chercher dans ladite Table, entre le 8 de Mars & le 5 d'Avril, 23 d'Epacte, & se rencontre vis à vis du 8 de Mars ; il faut maintenant commencer à compter un dés le 8 de Mars, & continuer jusques à 14, lequel se rencontre vis-à-vis du 21 de Mars qui est la pleine Lune Pasquale, & vis-à-vis de la Lettre G, de laquelle faut descendre jusqu'à la Lettre D prochaine, qui se rencontrera vis-à-vis du 22 *Mars* ; auquel jour on celebrera la Fête de Pâque en ladite année 1693.

Il seroit inutile de donner davantage d'Exemples ; je donne seulement avis que quand il y aura 25 d'Epactes provenus d'un Nombre d'Or au dessus d'11, il faudra prendre 26, & travailler comme dessus ; ainsi que je l'ai dit plusieurs fois ci-devant.

Pour trouver la Feste de Pâque & les autres Festes mobiles selon l'ancien Calendrier.

ETant resolu de ne rien obmettre en ce Chapitre, je veux donner les moyens de trouver la Fête de Pâque selon l'ancien Calendrier, qui est étably dés le Concile de Nicée, duquel on s'est toûjours servi dans l'Eglise jusqu'à la Réformation Gregorienne : or comme il y a plusieurs Nations qui ne l'ont point voulu quitter, & qui s'en sont toûjours servis jusqu'à present ; j'ai trouvé à propos d'en dire quelque chose, quoi qu'il est peu different du Calendrier nouveau, & la plus grande difference qu'il y a est que l'Epacte dont on se sert pour trouver les pleines Lunes Pasquales est fondée sur l'Epacte primitive 8, c'est à dire qu'un de Nombre d'Or donne 8 d'Epacte, semblable au tems du Concile de Nicée. Secondement leur Lettre Dominicale dépend de l'équation 5 qui donne les deux Lettres G F à un de Cycle Solaire. De sorte que sçachant la Lettre Dominicale & l'Epacte de quelqu'année proposée suivant ce que je viens de dire, il sera facile de trouver la Fête de Pâque selon l'ancien Calendrier par le même calcul & par toutes les Tables perpetuelles que j'ai données ci-devant pour le nouveau stile ; lesquelles Epactes & Lettres Dominicales ne changent jamais dans l'ancien Calendrier : ce que je veux faire voir par les exemples suivans.

Exemple.

En l'année 1657, il y avoit 22 d'Epacte & D pour Lettre Dominicale selon l'ancien Calendrier, on demande à quel jour fut celebré la Fête de Pâque.

Il faut chercher par le calcul le jour de la pleine Lune du mois de Mars, laquelle échet le 22 dudit mois & au Dimanche ; c'est pourquoi la Fête de Pâque fut celebrée le Dimanche suivant 29 de Mars.

Il faut encor trouver la pleine Lune Pasquale d'une autre façon, en cherchant l'âge de la Lune le 6 de Janvier audit an, de sorte qu'elle est âgée de 28 jours (selon la suite de 8) faut donc ôter 28 de 109 comme je l'ai enseigné (en travaillant par le nouveau stile) reste 81, dont il en faut soustraire Janvier & Février, restera vingt-deuxiéme jour de Mars, qui est le jour de la pleine Lune Pasquale, & achever comme dessus.

Servons nous à present des Tables precedentes, & premierement par celle qui est en la page 81, en prenant 22 d'Epacte dans le Cycle des Epactes qui est vis-à-vis la Lettre D, & elle se rencontre dans le second ordre, lequel étant conduit jusques à la Colomme de la Fête de Pâque, on trouvera encor vingt-neuviéme de Mars.

Par la seconde Table, page 85, on peut trouver la Fête de Pâque en deux manieres : la premiere par le Nombre d'Or, lequel est 5 en ladite année, il faut donc chercher 5 de Nombre d'Or en la premiere Colomne, lequel se rencontre vis-à-vis la Lettre D, & prenant le premier D qui suit en descendant il marquera encor le vingt neuviéme de Mars : la seconde maniere est par l'Epacte ; il faut donc prendre 22 d'Epacte en la seconde Colomne, & se rencontre vis à-vis D, donc le prochain suivant marque encor vingt-neuviéme de Mars.

Servons nous à present de la troisiéme Table, page 87, en cherchant l'Epacte dans la seconde Colomne dans le Cycle des Epactes, qui est compris sous la Lettre Dominicale donnée : & on trouve à côté de l'Epacte en la Colomne du premier intervalle les semaines & les jours qu'il y a entre Noël & la Quinquagesime, lequel Nombre étant cherché en la Colomne du second intervalle,

intervalle, on trouvera vis-à-vis le jour de Pâque & des autres Fêtes mobiles.

Exemple.

En l'année 1789, il y aura 11 d'Epacte Pasquale, & G pour Lettre Dominicale : on demande le jour de Pâque.

Pour ce faire, il faut chercher la Lettre Dominicale G en la premiere Colomne de ladite Table, puis chercher 11 d'Epacte dans le Cycle des Epactes, qui est au droit de ladite Lettre G, & on trouvera en la Colomne du premier intervalle 5, 6, il faut donc chercher 5, 6 en la Colomne du second intervalle, & on trouvera que la Fête de Pâque se doit celebrer le huitiéme d'Avril selon l'ancien Calendrier.

A l'égard de la Table Hollandoise, je n'en parle point ici, puisqu'elle n'est que pour le siecle 1600, & selon le nouveau Calendrier, mais en voici une qui suit que j'ai composée pour l'ancien stile, & je lui ai donné la même figure de la Hollandoise : Tellement que ceux qui s'en voudront servir pour l'ancien Calendrier prendront la ligne qui sera commune au Nombre d'Or & à la Lettre Dominicale donnée ; & il donnera le jour auquel on doit celebrer la Fête de Pâque selon l'ancien Calendrier, & non le nouveau.

Nombre d'Or.	*Table pour trouver la Feste de Pâque selon l'ancien Calendrier*						
	A	B	C	D	E	F	G
1	9 A	10 A	11 A	12 A	6 A	7 A	8 A
2	26 M	27 M	28 M	29 M	30 M	31 M	1 A
3	16 A	17 A	18 A	19 A	20 A	14 A	15 A
4	9 A	3 A	4 A	5 A	6 A	7 A	8 A
5	26 M	27 M	28 M	29 A	23 M	24 M	25 M
6	16 A	17 A	11 A	12 A	13 A	14 A	15 A
7	2 A	3 A	4 A	5 A	6 A	31 M	1 A
8	23 A	24 A	25 A	19 A	20 A	21 A	22 A
9	9 A	10 A	11 A	12 A	13 A	14 A	8 A
10	2 A	3 A	28 M	29 M	30 M	31 M	1 A
11	16 A	17 A	18 A	19 A	20 A	21 A	15 A
12	9 A	10 A	11 A	5 A	6 A	7 A	8 A
13	26 M	27 M	28 M	29 M	30 M	31 M	1 A
14	16 A	17 A	18 A	19 A	13 A	14 A	15 A
15	2 A	3 A	4 A	5 A	6 A	7 A	8 A
16	26 M	27 M	28 M	22 M	23 M	24 M	25 M
17	16 A	10 A	11 A	12 A	13 A	14 A	15 A
18	2 A	3 A	4 A	5 A	30 M	31 M	1 A
19	23 A	24 A	18 A	19 A	20 A	21 A	22 A

PAr la quatriéme Table, que j'ai composée à l'imitation de la Hollandoise page 92, là où j'ai mis au haut les mêmes sept Lettres Dominicales, & les Epactes en la premiere Colomne au lieu du Nombre d'Or pour la rendre perpetuelle; ceux qui voudront s'en servir pour trouver la Fête de Pâque selon l'ancien Calendrier, prendront la ligne commune à l'Epacte & à la Lettre Dominicale de l'année proposée, qui donnera le jour auquel la Fête de Pâque ce doit celebrer; de sorte que la grande facilité de cette Table me dispense d'en donner des Exemples.

MARS			AVRIL		
Jours.	Lettres Dominicales.	Nombre d'Or.	Jours.	Lettres Dominicales.	Nombre d'Or.
1	D	3	1	G	
2	E		2	A	11
3	F	11	3	B	
4	G		4	C	19
5	A	19	5	D	8
6	B	8	6	E	16
7	C		7	F	5
8	D	16	8	G	
9	E	5	9	A	13
10	F		10	B	2
11	G	13	11	C	
12	A	2	12	D	10
13	B		13	E	
14	C	10	14	F	18
15	D		15	G	7
16	E	18	16	A	
17	F	7	17	B	15
18	G		18	C	4
19	A	15	19	D	
20	B	4	20	E	12
21	C		21	F	1
22	D	12	22	G	
23	E	1	23	A	9
24	F		24	B	
25	G	9	25	C	17
26	A		26	D	6
27	B	17	27	E	
28	C	6	28	F	14
29	D		29	G	3
30	E	14	30	A	
31	F	3			

PUisque je me ſuis reſervé ci devant à parler du Calendrier Gregorien à la fin du nouveau ſtile, il eſt bien juſte à preſent de dire un mot du Calendrier ancien, qui a été établi du tems du Concile de Nicée, dans lequel on a mis le Nombre d'Or ainſi qu'on a mis l'E. paĉte dans le Calendrier Gregorien, dont j'en ai tiré ſeulement les deux mois de Mars & d'Avril au ſujet de la Fête de Pâque, dont voici comme il faut y travailler par la Table preſente.

Il faut chercher dans ladite Table le Nombre d'Or de l'année proposée depuis le huitiéme de Mars juſqu'au cinquiéme d'Avril incluſivement, puis compter dudit jour juſqu'à 14, (de la même façon que je l'ai enſeigné ci-devant à l'uſage du Calendrier Gregorien) & là où le 14 écherra il faudra chercher la Lettre Dominicale enſuite, & elle ſe rencontrera vis-à-vis du jour auquel la Fête de Pâque ſe doit celebrer.

Conclusion de ce Livre.

Il ne faut pas s'étonner de voir plusieurs Exemples dans le cours de cét Ouvrage, puisqu'il n'y a rien qui donne plus d'intelligence pour resoudre une proposition. Outre plus de toutes les Tables que j'ai mises dans ce Livre j'en ai inventé & reformé la plus grande partie, & celles que j'ai mises comme je les ai recueillies je les ai recalculées tout de nouveau pour voir les fautes d'impression qui s'y ont pû rencontrer, & c'est par ce moyen que j'ai découvert les fautes de la Table Hollandoise: je dis ceci en passant pour ceux qui recueillent des Tables pour leur usage, s'ils n'en sçavent la composition ils ne sont pas plus asseurez de l'effet qu'ils en peuvent souhaiter, Je finis cét ouvrage par une Table contenant le Nombre d'Or, l'Epacte, le Cycle Solaire, la Lettre Dominicale, la pleine Lune d'aprés l'Equinoxe du Printemps & la Fête de Pâque d'an en an pour le nouveau Calendrier, depuis l'année 1693 jusqu'à l'année 1800, inclusivement.

FIN.

Ans de N. Seigneur.	*Nombre d'Or.*	*Epacte.*	*Cycle Solaire.*	*Lettre Domi.*	*Pleines Lunes d'aprés l'Equinoxe du Printemps.*	*La Fête de Pâque.*
1693	3	23	22	D	21 *mars*	22 *mars*
1694	4	4	23	C	9 *avril*	11 *avril*
1695	5	15	24	B	29 *mars*	3 *avril*
1696	6	26	25	AG	17 *avril*	22 *avril*
1697	7	7	26	F	6 *avril*	7 *avril*
1698	8	18	27	E	26 *mars*	30 *mars*
1699	9	29	28	D	14 *avril*	19 *avril*
1700	10	9	1	C	4 *avril*	11 *avril*
1701	11	20	2	B	24 *mars*	27 *mars*
1702	12	1	3	A	12 *avril*	16 *avril*
1703	13	12	4	G	1 *avril*	8 *avril*
1704	14	23	5	FE	21 *mars*	23 *mars*
1705	15	4	6	D	9 *avril*	12 *avril*
1706	16	15	7	C	29 *mars*	4 *avril*
1707	17	26	8	B	17 *avril*	24 *avril*
1708	18	7	9	AG	6 *avril*	8 *avril*
1709	19	18	10	F	26 *mars*	31 *mars*
1710	1	0	11	E	13 *avril*	20 *avril*
1711	2	11	12	D	2 *avril*	5 *avril*
1712	3	22	13	CB	22 *mars*	27 *mars*
1713	4	3	14	A	10 *avril*	16 *avril*
1714	5	14	15	G	30 *mars*	1 *avril*
1715	6	25	16	F	18 *avril*	21 *avril*
1716	7	6	17	ED	7 *avril*	12 *avril*
1717	8	17	18	C	27 *mars*	28 *mars*
1718	9	28	19	B	15 *avril*	17 *avril*
1719	1	9	20	A	4 *avril*	9 *avril*
1720	11	20	21	GF	24 *mars*	31 *mars*

Ans de N. Seigneur.	*Nombre d'Or.*	*Epacte.*	*Cycle Solaire.*	*Lettre Domi.*	*Pleines Lunes d'aprés l'Equinoxe du Printemps.*	*La Fête de Pâque.*
1721	12	1	22	E	12 *avril*	13 *avril*
1722	13	12	23	D	1 *avril*	5 *avril*
1723	14	23	24	C	21 *mars*	28 *mars*
1724	15	4	25	BA	9 *avril*	16 *avril*
1725	16	15	26	G	29 *mars*	1 *avril*
1726	17	26	27	F	17 *avril*	21 *avril*
1727	18	7	28	E	6 *avril*	13 *avril*
1728	19	18	1	DC	26 *mars*	28 *mars*
1729	1	0	2	B	13 *avril*	17 *avril*
1730	2	11	3	A	2 *avril*	9 *avril*
1731	3	22	4	G	22 *mars*	25 *mars*
1732	4	3	5	FE	10 *avril*	13 *avril*
1733	5	14	6	D	30 *mars*	5 *avril*
1734	6	25	7	C	18 *avril*	25 *avril*
1735	7	6	8	B	7 *avril*	10 *avril*
1736	8	17	9	AG	27 *mars*	1 *avril*
1737	9	28	10	F	15 *avril*	21 *avril*
1738	10	9	11	E	4 *avril*	6 *avril*
1739	11	20	12	D	24 *mars*	29 *mars*
1740	12	1	13	CB	12 *avril*	17 *avril*
1741	13	12	14	A	1 *avril*	2 *avril*
1742	14	23	15	G	21 *mars*	25 *mars*
1743	15	4	16	F	9 *avril*	14 *avril*
1744	16	15	17	ED	29 *mars*	5 *avril*
1745	17	26	18	C	17 *avril*	18 *avril*
1746	18	7	19	B	6 *avril*	10 *avril*
1747	19	18	20	A	26 *mars*	2 *avril*
1748	1	0	21	GF	13 *avril*	14 *avril*
1749	2	11	22	E	2 *avril*	6 *avril*

Ans de N. Seigneur.	Nombre d'Or.	Epactes.	Cycle Solaire.	Lettres Domi:	Pleines Lunes d'aprés l'Equinoxe du Printemps.	La Fête de Pâque.
1750	3	22	23	D	22 *mars*	29 *mars*
1751	4	3	24	C	10 *avril*	12 *avril*
1752	5	14	25	BA	30 *mars*	2 *avril*
1753	6	25	26	G	18 *avril*	22 *avril*
1754	7	6	27	F	7 *avril*	14 *avril*
1755	8	17	28	E	27 *mars*	30 *avril*
1756	9	28	1	DC	15 *avril*	18 *avril*
1757	10	9	2	B	4 *avril*	10 *avril*
1758	11	20	3	A	24 *mars*	26 *mars*
1759	12	1	4	G	12 *avril*	15 *avril*
1760	13	12	5	FE	1 *avril*	6 *avril*
1761	14	23	6	D	21 *mars*	22 *mars*
1762	15	4	7	C	9 *avril*	11 *avril*
1763	16	15	8	B	29 *mars*	3 *avril*
1764	17	26	9	AG	17 *mars*	22 *avril*
1765	18	7	10	F	6 *avril*	7 *avril*
1766	19	18	11	E	26 *mars*	30 *mars*
1767	1	0	12	D	13 *avril*	19 *avril*
1768	2	11	13	CB	2 *avril*	3 *avril*
1769	3	22	14	A	22 *mars*	26 *mars*
1770	4	3	15	G	10 *avril*	15 *avril*
1771	5	14	16	F	30 *mars*	31 *mars*
1772	6	25	17	ED	18 *avril*	19 *avril*
1773	7	6	18	C	7 *avril*	11 *avril*
1774	8	17	19	B	27 *mars*	3 *avril*

Ans de N. Seigneur.	Nombpe d'Or.	Epacte.	Cycle Solaire.	Lettre Domi.	Pleines Lunes d'aprés l'Equinoxe du Printemps.	La Fête de Pâque.
1775	9	28	20	A	15 avril	16 avril
1776	10	9	21	G F	4 avril	7 avril
1777	11	20	22	E	24 mars	30 mars
1778	12	1	23	D	12 avril	19 avril
1779	13	12	24	C	1 avril	4 avril
1780	14	23	25	B A	21 mars	26 mars
1781	15	4	26	G	9 avril	15 avril
1782	16	15	27	F	24 mars	31 mars
1783	17	26	28	E	17 avril	20 avril
1784	18	7	1	DC	6 avril	11 avril
1785	19	19	2	B	25 mars	27 mars
1786	1	0	3	A	13 avril	16 avril
1787	2	11	4	G	2 avril	8 avril
1788	3	22	5	FE	22 mars	23 mars
1789	4	3	6	D	10 avril	12 avril
1790	5	14	7	C	30 mars	4 avril
1791	6	25	8	B	18 avril	24 avril
1692	7	6	9	AG	7 avril	8 avril
1693	8	17	10	F	27 mars	31 mars
1694	9	28	11	E	15 avril	20 avril
1695	10	9	12	D	4 avril	5 avril
1796	11	20	13	CB	24 mars	27 mars
1797	12	1	14	A	12 avril	16 avril
1798	13	12	15	G	1 avril	8 avril
1799	14	23	16	F	21 mars	24 mars

LES PRINCIPES DE LA NAVIGATION. ET L'ABREGE' DE LA SPHERE.

DES MARE'ES.

POUR sçavoir le cours des Marées, il faut remarquer la situation du Havre, qui est un certain Rumb de vent, auquel toutefois & quantes que la Lune s'y rencontre, il y est plaine Mer, & non jamais autrement. Et lors que la Lune croise la même situation, il est basse Mer.

Il faut remarquer encore que la Marée retarde chaque jour de quatre cinquiémes d'heures qui valent 48 minutes d'heures. Tellement que si la Marée vient aujourd'huy à une heure, elle viendra demain à une heure 48 minutes, & aprésdemain à 2 heures 36 minutes, &c. Cet ordre est souvent détruit à cause des Détroits, Golphes, Caps, Vents, Rivieres & situations des lieux.

Pour trouver combien chaque Rumb de Vent vaut d'heures.

Nord & Sud vaut 12 heures.
Nord quart de Nord-Est, & Sud quart de Sud Oüest vaut 12 heures trois quarts.

Nord Nord-Eſt, & Sud Sud-Oueſt vaut une heure & demie.
Nord-Eſt quart de Nord, & Sud Oueſt quart de Sud vaut 2 heures & un quart.
Nord-Eſt & Sud Oueſt vaut 3 heures.
Nord Eſt, quart d'Eſt & Sud-Oueſt, quart d'Oueſt, vaut 3 heures 3 quarts.
Eſt Nord-Eſt & Oueſt, Sud Oueſt, vaut 4 heures & demie.
Eſt quart de Nord Eſt, & Oueſt, quart de Sud Oueſt, vaut 5 heures & 1 quart.
Eſt & Oueſt vaut 6 heures.
Eſt quart de Sud Eſt & Oueſt, quart de Nord Oueſt, vaut 6 heures 3 quarts.
Eſt Sud-Eſt & Oueſt, Nord Oueſt, vaut 7 heures & demie.
Sud-Eſt quart d'Eſt, Nord-Oueſt quart d'Oueſt, vaut 8 heures & un quart.
Sud-Eſt & Nord-Oueſt, vaut 9 heures.
Sud-Eſt quart de Sud, & Nord Oueſt quart de Nord, vaut 9 heures 3 quarts.
Sud Sud-Eſt, & Nord Nord-Oueſt, vaut 10 heures & demie.
Sud quart de Sud-Eſt, & Nord quart de Nord-Oueſt, vaut 11 heures & un quart.

Il faut remarquer que chaque air de vent vaut trois quarts d'heure, à commencer à compter au Nord allant par l'Eſt juſqu'au Sud, ou bien à commencer à compter au Sud, paſſant par l'Oueſt juſques au Nord.

Exemple.

Un Havre étant ſitué Nord Nord-Eſt, & Sud Sud-Oueſt : Je demande combien il vaut d'heures.

Pour ce faire, il faut compter depuis le Nord juſqu'au Nord Norſt-Eſt, ou bien depuis le Sud juſques au Sud Sud-Eſt, & on trouvera deux airs de vent qui valent (à trois quarts d'heures chacun) une heure & demie, c'eſt à dire, que la Mer eſt en ſon plain à une heure & demie audit Havre, lors que la Lune eſt plaine ou nouvelle.

Autre Exemple.

Un Havre étant ſitué Sud Eſt quart d'Eſt & Nord Nord-Oueſt quart d'Oueſt; Je demande combien il vaut d'heures.

Pour ce faire, il faut compter depuis le Nord juſques au Sud d'Eſt quart d'Eſt, bien depuis le Sud juſqu'au Nord-Oueſt quart d'Oueſt, & on trouvera onze airs de vent, qui valent (à trois quarts d'heures chacun) 8 heures & un quart, c'eſt à dire que la Mer eſt en ſon plain à huit heures & un quart audit Havre, lors qu'il eſt nouvelle ou pleine Lune.

Pour convertir l'âge de la Lune en temps.

Il faut multiplier les jours de Lune par 4, & divifer le produit par 5, & le quotient fera la valeur des jours de Lune convertis en temps ; ce qui fe fait plus aisément par la regler d'Or, en difant, fi 5 jours de Lune donnent 4 heures, combien donnent les jours propofez, multipliez & divifez il viendra les heures de la valeur des jours de Lune propofez.

Exemple.

Soit proposé 7 jours de Lune, Je demande combien ils vallent d'heures étant convertis en temps.

Pour ce faire, il faut dire par la regle d'Or, fi 5 jours de Lune donnent 4 heures, combien donneront 7 jours de Lune, multipliez & divifez il viendra 5 heures 3 cinquiémes, qui valent 5 heures 36 minutes, car la cinquiéme partie d'une heure vaut 12 minutes, & par confequent, trois cinquiémes d'heures valent 36 minutes.

Autre Exemple.

Soit proposé 11 jours de Lune, Je demandent combien ils valent d'heures étant convrtis en temps.

Pour ce faire, il faut dire par la regle d'Or, fi 5 jours de Lune donnent 4 heures, combien donneront 11 jours de Lune multipliez & divifez, il viendra 8 heures 4 cinquiémes, qui valent 8 heures 48 minutes pour la valeur de 11 jours de Lune convertis en temps.

Quand les jours de Lune paffent 15, il faut toûjours ôter 15 des jours de Lune, & prendre le refte.

Autre Exemple.

Soit fuposé 18 jours de Lune, Je demande combien ils valent d'heures étant convertis en temps.

Pour ce faire, il faut ôter 15 de 18, refte 3, puis dire par la regle d'Or, fi 5 jours de Lune donnent 4 heures, combien donneront 3 jours de Lune, multipliez & divifez, il viendra 2 heures 2 cinquiémes, qui valent 2 heures 24 minutes.

Autre Exemple.

Suposé qu'il foit 24 jours de Lune, Je demande combien ils valent d'heures étant convertis en temps.

Pour ce faire, il faut ôter 15 de 24, refte 9, puis dire par la regle d'Or, fi 5 jours de Lune donnent 4 heures, combien donneront 9 jours de Lune multipliez & divifez, il viendra 7 heures un cinquiéme, qui valent 7 heures 12 minutes.

Autre methode pour convertir l'âge de la Lune en temps, par la Table suivante.

Jours.	Heures.	Valent.	Heures.	Minutes
de Lune.			convertis en tems	
	1			2
	2			4
	3			9
	4			8
	5			10
	6			12
	7			14
	8			16
	9			18
	10			20
	11			22
	12			24
1				48
2			1	36
3			2	24
4			3	12
5			4	
10			8	
15			12	

Usage de ladite Table.

Quand on desire réduire l'âge de la Lune en tems par ladite Table, il faut chercher au côté gauche de ladite Table les jours de Lune, & on trouvera vis-à-vis au côté droit les heures de la valeur des jours de Lune convertis en tems; mais au contraire si on veut reduire des heures de tems en jours de Lune, il faut prendre les heures dans ladite Table au côté droit, & on trouvera vis à-vis au côté gauche les jours de Lune, & s'il est decours il faudra ajoûter 15 aux jours de Lune trouvez.

Exemple.

Supposé qu'il soit 8 jours de Lune; Je demande combien ils valent d'heures étant convertis en tems.

Pour ce faire, il faut chercher dans ladite Table 5 jour de Lune, & on trouvera qu'ils valent 4 heures, il reste encor 3 jours, lesquels étant cherchez dans ladite Table, on trouvera 2 heures 24 minutes, qu'il faut ajoûter avec les 4 heures premieres trouvez, font ensemble 6 heures 24 minutes pour la valeur de 8 jours de Lune convertis en tems:

Autre Exemple.

Soit proposé 20 jours de Lune: Je demande combien ils valent étant convertis en tems,

Pour ce faire, il faut ôter 15 de 20, reste 5, puis chercher dans ladite Table vis-à-vis

vis-à-vis de 5 jours de Lune, & on trouvera 4 heures pour la valeur de 20 jours de Lune convertis en tems.

Autre Exemple.

Soit proposé 8 heures 24 minutes de tems en croissant; Je demande combien ils valent de jours de Lune,

Pour ce faire, il faut chercher dans la Table au côté droit 8 heures, & on trouve vis-à-vis au côté gauche 10 jours de Lune, il faut encore chercher au côté droit 24 minutes de tems, & on trouve vis-à-vis 12 heures, tellement que 8 heures 24 minutes de tems valent 10 jours de Lune & demi.

Autre Exemple.

Soit proposé trois heures 12 minutes de tems en decours, Je demande combien ils valent de jours de Lune.

Pour ce faire, il faut chercher dans ladite Table 3 heures 12 minutes au côté droit, & on trouvera au côté gauche 4 jours de Lune, ausquels il faut ajoûter 15 à cause du decours, font ensemble 19 jours pour l'âge de la Lune.

La scituation d'un Havre proposé & l'âge de la Lune étant donnez, trouver l'heure de la plaine Mer.

IL faut premierement avoir la connoissance de la scituation du Havre proposé, afin de sçavoir l'heure qu'il est à plaine Mer, lorsque la Lune est nouvelle ou plaine, laquelle heure faut ajoûter avec l'heure de l'âge de la Lune convertie en tems, & on aura l'heure de la plaine Mer; & si le tout passe 12, il faut ôter les 12 & prendre le reste pour l'heure de la plaine Mer requise.

Exemple

Soit un Havre établi Nord-Est & Sud-Ouest, c'est à dire qui est 3 heures à plaine Mer audit Havre, quand la Lune est nouvelle, ou plaine, Je demande l'heure de la plaine Mer audit Havre, la Lune étant âgée de 8 jours.

Pour ce faire, il faut convertir les 8 jours de Lune en tems, comme il est dit ci-devant : vient 6 heures 24 minutes, ausquelles il faut ajoûter les 3 heures de la scituation du Havre (étant établi Nord-Est & Sud-Ouest) valent 9 heures 24 minutes pour l'heure de la plaine Mer audit Havre proposé, la Lune étant âgée de 8 jours.

Autre Exemple.

Soit un Havre établi Est & Ouest, c'est à dire 6 heures ; Je demande l'heure de la plaine Mer audit Havre, la Lune étant âgée de 20 jours.

Pour ce faire, il faut ôter 15 des 20 jours de Lune, reste 5 lesquels étant convertis en tems, valent 4 heures, ausquelles faut ajoûter les 6 heures de la situation du Havre, font ensemble 10 heures pour l'heure de la plaine Mer requise.

Autre Exemple.

Soit un Havre établi Sud-Est & Nord-Ouest, c'est à dire 9 heures, Je demande l'heure de la plaine Mer audit Havre, la Lune étant âgée de 12 jours.

Pour ce faire, il faut convertir les 12 jours de Lune en tems, valent 9 heures 36 min. lesquelles faut ajoûter avec les 9 heures de la scituation du Havre, font ensemble 18 heures 36 minutes, dont il en faut ôter 12 heures, reste 6 heures 36 minutes pour l'heure de la pleine Mer audit Havre proposé, la Lune étant âgée de 12 jours.

L'heure de la plaine Mer & l'âge de la Lune étant donnez, trouver la scituation du Havre.

IL faut convertir les jours de Lune en tems, comme il est dit ci-devant, pour avoir les heures de l'âge de la Lune, puis les ôter de l'heure de la plaine Mer, & le reste sera l'heure de la scituation du Havre, c'est à dire l'heure qu'il est audit Havre lors que la Mer est plaine au tems de la nouvelle ou plaine Lune. Mais si l'heure de la plaine Mer est moindre que l'heure de l'âge de la Lune, il faut ajoûter 12 heures à l'heure de la plaine Mer, puis en ôter l'heure de l'âge de la Lune, & le reste sera l'heure de la scituation du Havre.

Exemple.

On ſuppoſe être en un Havre où il eſt 10 heures à plaine Mer, & la Lune eſt âgée de 5 jours, Je demande la ſcituation dudit Havre.

Pour ce faire, il faut convertir les 5 jours de Lune en tems, vient 4 heures, leſquelles faut ôter des 10 heures de la plaine Mer, reſte 6 heures, partant le Havre proposé eſt un Havre de 6 heures, c'eſt à dire un Havre d'Eſt & Oueſt.

Autre Exemple.

On ſuppoſe être en un Havre où il eſt 5 heures à plaine Mer, & la Lune eſt âgée de dix jours; Je demande comment ledit Havre eſt ſcitué.

Pour ce faire, il faut convertir les 10 jours de Lune en tems, valent 8 heures, leſquelles faut ôter des 5 heures de la plaine Mer, ce qui ne ſe peut, il faut donc ajoûter 12 avec 5, font enſemble 17, dont il en faut ôter les 8 heures de l'âge de la Lune, reſte 9, & partant ledit Havre eſt un Havre de 9 heures; c'eſt à dire Sud-Eſt & Nord-Oueſt.

L'heure de la plaine Mer & la ſcituation du Havre étant donnez trouver l'âge de la Lune, pourvû qu'on ſçache s'il eſt croiſſant ou decours.

IL faut ôter l'heure de la ſcituation du Havre de l'heure de la plaine Mer, & le reſte ſera l'heure de l'âge de la Lune, laquelle faudra convertir en jour de Lune & on aura l'âge de la Lune en croiſſant, & s'il eſt decours il faudra ajoûter 15 auſdits jours de Lune trouvez, & on aura l'âge de la Lune en decours; mais ſi l'heure de la ſcituation du Havre eſt plus grande que l'heure de la plaine Mer, il faudra ajoûter 12 à l'heure de la plaine Mer, pour en pouvoir ôter plus aiſément l'heure de la ſcituation du Havre, & on aura l'heure de l'âge de la Lune.

Exemple.

On ſuppoſe un Havre étably Sud-Eſt & Nord-Oueſt, c'eſt à dire neuf heures, & il eſt plaine Mer à cinq heures; je demande l'âge de la Lune en croiſſant

Pour ce faire, il faut ôter les neuf heures de la scituation du Havre des 5 heures de la plaine Mer, ce qui ne se peut, il faut donc ajoûter 12 avec les 5 heures, font ensemble 17, dont il en faut ôter 9, reste 8, lesquels étant convertis en jours de Lune, valent 10 jours pour l'âge de la Lune.

Autre Exemple.

On suppose un Havre dont la scituation est Nord-Est & Sud Ouest, c'est à dire 3 heures, & il est plaine Mer à 7 heures; Je demande l'âge de la Lune en decours.

Pour ce faire, il faut ôter les trois heures de la situation du Havre des sept heure de l'heure de la pleine Mer, reste 4 heures qui valent cinq jours pour l'âge de la Lune requise.

Autre Exemple.

On suppose un Havre étably Est & Ouest, c'est à dire 6 heures, & il est plaine Mer à 2 heures; Je demande l'âge de la Lune en decours.

Pour ce faire, il faut ôter les 6 heures de la scituation du Havre des 2 heures de plaine Mer, ce qui ne se peut; il faut donc ajoûter 12 avec 2, font ensemble 14, dont il en faut ôter 6, reste 8 heures, lesquelles étant convertis en jours, valent 10 jours, ausquels il faut ajoûter 15, à cause du decours, font ensemble 25 pour l'âge de la Lune requise.

Cette derniere proposition sert à trouver l'âge de la Lune, lequel étant connu on peut trouver le jour perdu suivant le troisiéme usage de l'Epacte.

DE L'ECARTEMENT DE LA LUNE AU SOLEIL

L'Ecartement de la Lune au Soleil sert à trouver l'âge de la Lune quand le jour est perdu, quoy qu'il ne se perd guere: lequel écartement se peut truuver en trois manieres.

Premierement

Premierement de la Fléche.

Quand la Lune eſt jointe au Soleil, elle employe 29 jours & demy à s'y rejoindre, mais comme il y a peu de difference entre 29 & demy & 30, nous fait prendre le nombre de 30, partant ſi on diviſe 360 degrez par 30, il viendra au quotient 12, c'eſt pourquoy la Lune s'éloigne chaque jour du Soleil de 12 degrez.

Pour trouver maintenant l'écartement de la Lune au Soleil avec la Fléche, il faut poſer la Fléche à l'œil, & regarder le Soleil par un bout du marteau, & la Lune par l'autre bout, puis compter les degrez ſur la Fléche, à commencer au bout de haut venant vers l'œil; leſquels degrez faut diviſer par 12, puiſque la Lune s'éloigne chaque jour du Soleil de 12 degrez, & le quotient donnera les jours de l'âge de la Lune en croiſſant.

Mais s'il eſt décours, il faut auſſi diviſer les degrez trouvez entre la Lune & le Soleil par 12, & ce qui viendra au quotient l'ôter de 30, & le reſte ſera l'âge de la Lune en decours.

Notez que quand la Lune eſt à l'Eſt du Soleil il eſt croiſſant, mais ſi elle eſt à l'Oueſt du Soleil, il eſt decours.

Exemple.

Soit trouvé la Lune éloignée du Soleil en croiſſant de 72 degrez, Je demande ſon âge.

Pour ce faire, il faut diviſer 72 par 12, il viendra au quotient 6, & partant quand la Lune eſt éloignée du Soleil en croiſſant, de 72 degrez, elle eſt âgée de ſix jours.

Autre Exemple.

Soit trouvé la Lune éloignée du Soleil en decours de 60 degrez, Je demande ſon âge.

Pour ce faire, il faut diviſer 60 par 12, vient au quotient 5, leſquels il faut ôter de 30, reſte 25 pour l'âge de la Lune en decours, étant éloignée du Soleil de 60 degrez.

Il ne ſe fait pas toûjours de diviſions comme les deux precedentes, auſquelles il n'y a point de reſtant; & quand il s'y en rencontre les peu intelligens ont de la peine à en trouver la fraction, c'eſt pourquoi j'ai mis la Table ſuivante pour leur rendre le travail plus facile.

Table pour convertir les degrez & minutes de l'écartement de la Lune au Soleil, en jours, heures & minutes de Lune.

De l'écartement de la Lune au Soleil. D.	M.	Valent.	De Lune. J.	H.	M.
	1				2
	2				4
	3				6
	4				8
	5				10
	10				20
	15				30
	30			1	
1				2	
2				4	
3				6	
4				8	
5				10	
6				12	
12			1		

Exemple.

Soit trouvé la Lune éloignée du Soleil en croissant de 53 degrez, Je demande son âge.

Pour ce faire, il faut diviser 53 par 12 vient au quotient 4, pour 4 jours de Lune, reste 5 degrez, lesquels il faut chercher dans ladite Table, & on trouve vis à-vis 10 heures; & partant la Lune étant éloignée du Soleil de 53 degrez en croissant, elle est âgée de 4 jours 10 heures.

Autre Exemple.

Soit trouvé la Lune éloignée du Soleil en decours, de 76 degrez 36 minut. Je demande son âge.

Pour ce faire, il faut diviser 76 par 12, vient au quotient 6 jours de Lune, reste 4 degrez, qui valent par ladite Table 8 heures. & les 36 minutes de degrez valent encore 1 heure 12 minutes : Le tout étant ajoûté ensemble, font 6 jours 9 heures 12 minutes de Lune, lesquelles il faut ôter de 30 à cause du decours, reste 23 jours 14 heures 48 minutes pour l'aage de la Lune, étant éloignée du Soleil de 76 degrez 36 minutes en decours.

Seconde Methode.

L'Escartement de la Lune au Soleil se peut encore trouver par le Compas ou Boussole, en regardant à quel rumb de Vent la Lune & le Soleil se rencontre ; car le Compas ou Bouſſole étant diviſé en trente-deux parties égales, appellées rumbs ou airs de Vent, chaque partie eſt éloignée l'une de l'autre de 11 degrez 15 minutes ; c'eſt à dire que chaque rumb de Vent vaut 11 degrez 15 min. ce qui ſe peut prouver en diviſant 360 degrez par 32, il vient au quotient 11 & un quart, qui valent 11 degrez 15 minutes pour la valeur de chaque rumb de Vent.

Lors que la Lune eſt éloignée du Soleil de tant de rumbs de Vent, on peut dire combien il y a de degrez entre eux deux en donnant 11 degrez 15 min. pour chacun air de Vent, & on aura les degrez de l'écartement de la Lune au Soleil, leſquels il faut diviſer par 12, comme il eſt dit ci-devant, on aura l'aage de la Lune.

Exemple.

Soit trouvé la Lune à l'Eſt, & le Soleil au Sud Sud-Eſt, & par conſequent croiſſant, Je demande l'aage de la Lune.

Pour ce faire, il faut conſiderer qu'entre l'Eſt & le Sud Sud Eſt, il y a ſix airs de Vent qui valent 67 degrez 30 minutes, en donnant 11 degrez 15 minutes pour chaque air de Vent, leſquels 67 degrez 30 minutes étant diviſez par 12, & le reſtant pris dans la Table precedente valent 5 jours 15 heures pour l'âge de la Lune.

Autre Exemple.

Soit trouvé la Lune au Sud Sud Oueſt, & le Soleil à l'Eſt, & par conſequent decours, Je demande l'aage de la Lune

Pour ce faire, il faut conſiderer que depuis l'Eſt juſques au Sud Sud Oüeſt, il y a 10 airs de Vent, qui valent, à 11 degrez 15 minutes chacun, 112 degrez 30 minutes, leſquels il faut diviſer par 12, vient 9 jours 9 heures, leſquels il faut ôter de 30 à cauſe du decours, reſte 20 jours 15 heures pour l'aage de la Lune requiſe.

Les deux ſuſdits Exemples ſe peuvent faire encore plus aiſément ſuivant ce qui eſt dit cy-devant dans les Marées.

Premier Exemple.

Soit trouvé la Lune à l'Eſt, & le Soleil au Sud Sud-Eſt, & par conſequent croiſſant, Je demande l'âge de la Lune.

Pour ce faire, il faut conſiderer que depuis l'Eſt juſqu'au Sud Sud-Eſt il y a 6 airs de Vent qui valent 4 heures & demie, en donnant 3 quarts d'heures pour chacun air de Vent ; ainsi qu'il est enseigné dans les Marées, lesquelles 4 heures & demie faut reduire en jours de Lune, en donnant 48 min. d'heures pour un jour, dont les 4 heures valent 5 jours de Lune, & la demie heure qui est de 30 minutes, valent 15 heures, suivant la Table qui est dans les Marées, pour convertir les jours de Lune en heures, & au contraire pour convertir les heures en jours de Lune, dont les 4 heures & demie valent 5 jours 15 heures pour l'âge de la Lune étant à l'Est & le Soleil au Sud Sud-Est.

Second Exemple.

Soit trouvé la Lune au Sud Sud-Ouest, & le Soleil à l'Est, & par consequent decours, Je demande l'âge de la Lune.

Pour ce faire, il faut considerer que depuis l'Est jusqu'au Sud Sud Ouest, il y a 10 airs de Vent, qui valent, à trois quarts d'heure chacun, 7 heures & demie lesquelles il faut reduire en jours de Lune, valent 9 jours 9 heures, lesquelles il faut ôter de 30, à cause du decours, reste 20 jours 15 heures, c'est à dire 10 jours & demi, quelque chose de plus pour l'âge de la Lune.

Notez que tout cela soit vrai par les rumbs de Vent, il faut que le Compas ou Boussole soit paralelle à la ligne Equinoxiale ; car se servant d'un Compas ordinaire, c'est à dire paralelle à l'Horison, toutes ces operations seroient fausses.

Troisiéme Methode.

IL est tres-difficile d'établir un Compas en Mer parelelle à l'Equinoxiale pour voir en quel air de Vent sont la Lune & le Soleil ; même on ne le voit pas toûjours tous deux sur l'Horison en même tems, ce qui rend la precedente Methode plus difficile, quoique la plupart ne se servent point d'autre mais par la suivante que j'ai inventée on n'a aucunement besoin du Soleil, on se sert seulement de la Lune, en prenant garde quand elle est au Meridien, ce qui se peut faire avec la Fléche quand elle ne monte plus sur l'Horison. Et dès le moment qu'on a remarqué la Lune au Meridien, il faut sçavoir l'heure au juste en même tems ; ce qui se peut faire aisément par les Horloges qui sont dans les Vaisseaux, dont l'heure étant connuë, il la faut multiplier par 15, & diviser le produit par 12, & le quotient donnera les jours de Lune, ce qui se fait plus aisément par la regle d'Or, en disant, si 12 donnent 15, combien donnera l'heure qu'il est quand la Lune arrive au Meridien : multipliez & divisez il viendra les jours de l'âge de la Lune en ce moment là.

Quand la Lune se rencontre au Meridien, depuis 12 heures de midy jusqu'à 12 heures de minuit, c'est à dire du soir, il est croissant. Mais si la Lune rencont rencontre au Meridien, depuis 12 heures de minuit jusques à 12 heures de midi, c'est à dire du matin il est decours, alors il faut ajoûter 15 aux jours de Lune provenus de la regle d'Or, & on aura l'âge de la Lune en decours.

Exemple

Soit trouvé la Lune au Meridien à 9 heures du soir, & par consequent croissant. Je demande son âge.

Pour ce faire, il faut dire par la regle d'Or, si 12 donnent 15 combien donneront les 9 heures du soir, qui est le temps que la Lune est arrivée au Meridien : multipliez & divisez, il viendra 11 un quart, qui valent 11 jours 6 heures pour l'âge de la Lune.

Autre Exemple.

Soit trouvé la Lune au Meridien à 5 heures de matin, & par consequent decours, Je demande l'âge de la Lune.

Pour ce faire, il faut dire par la regle d'Or, si 12 donnent 15 combien donneront les 5 heures du matin, qui est le temps que la Lune s'est rencontrée au Meridien, multipliez & divisez il viendra 6 & un quart, qui valent 6 jours 6 heures, ausquelles faut ajoûter 15 à cause du decours, font ensemble 21 jours 6 heures pour l'âge de la Lune.

Les deux susdits Exemples se peuvent resoudre encore sans la regle d'Or.

Le premier.

Soit trouvé la Lune au Meridien à 9 heures du soir, & par consequent croissant : Je demande son âge.

Pour ce faire, il faut reduire les 9 heures en jours, donnant 48 min. d'heures pour jour de Lune, ainsi qu'il est enseigné dans les Marées, dont les 9 heures valent 11 jours & un quart pour l'âge de la Lune.

Le second.

Soit trouvé la Lune au Meridien à 5 heures de matin, & par consequent decours, Je demande son âge.

Pour ce faire, il faut reduire les 5 heures en jours de Lune, valent 6 jours & un quart, ausquelles il faut ajoûter 15 à cause du decours, font ensemble 21 jours & un quart pour l'âge de la Lune.

Voilà tous les principaux moyens pour trouver l'écartement de la Lune au Soleil, par lequel on peut trouver facilement l'âge de la Lune, lequel étant connu sert à trouver le jour perdu ou adiré, ainsi qu'il est enseigné au troisiéme usage de l'Epacte.

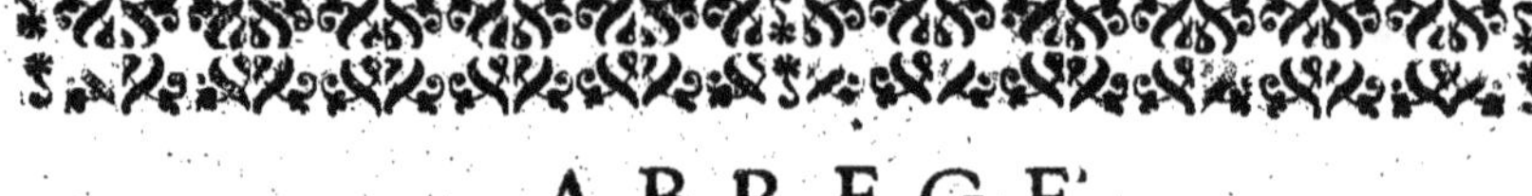

ABREGÉ DE LA SPHERE.

Tres-necessaire en la Navigation.

LA Spere est un corps solide rond, & compris d'une seule superficie convexe, au milieu duquel est un point, lequel s'appelle Centre, & toutes les lignes menées à la circonference sont égales entr'elles.

Axe de la Sphere, est une ligne droite tirée diametralement & par le centre de la Sphere, & se termine de part & d'autre à la superficie de la Sphere; & cette ligne imaginée est quasi comme l'Essieu, sur lequel la Sphere & toute la machine celeste roulle.

Polles de la Sphere sont les deux points & extrémitez de l'Axe, sur lesquels toute la Sphere se meut & tourne comme sur deux pivots, dont l'un se nomme Polle Arctique ou du Nord, ou du Septentrion ou Boreal; l'autre s'appelle Polle Antarctiqve, ou du Sud, ou du Midi, ou Austral.

Zenith, est un point imaginé que nous concevons en la superficie de la Sphere, lequel est justement à plomb & perpendiculaire sur nôtre tête, & l'autre point qui lui est opposé en la même superficie de la Sphere appellé *Nadir*, lequel se recontre sous nos pieds.

La Sphere se divise en plusieurs Cercles, sçavoir Majeurs & Mineurs.

CErcle *Majeur*, est celui qui divise la Sphere en deux parties égales, & qui a son centre commun avec celui de la Sphere, & tous les Cercles majeurs sont égaux entr'eux, & s'entrecoupent toûjours en parties égales.

Cercle Mineur, est celui qui divise la Sphere en deux parties inégales, & a un autre Centre que celui de la Sphere.

Le Cercle, tant Majeur que Mineur, se divise en 360 parties égales, qu'on appelle degrez. Le demi Cercle se divise en 180 degrez, le quart de Cercle se divise en 90 degrez. Le degré se divise en 60 minutes, la minute en 60 fecondes, la feconde en 60 tierces, & ainfi à l'infini.

Notez, que le Cercle Majeur produit des degrez majeurs, & le Cercle Mineur des degrez mineurs.

Cercle en general, eft une figure plane comprife d'une feule ligne courbe ou circulaire, au milieu duquel eft un point qu'on appelle *Centre*, & toutes les lignes menées à la fuperficie dudit Cercle font égales entr'elles.

Vn degré Majeur, tant de la Mer que de la Terre, contient 60 milles d'Italie, 15 lieuës d'Hollande & d'Allemagne, 20 lieuës de France & d'Angleterre, 17 lieuës & demie d'Efpagne.

Des Cercles de la Sphere.

IL y a en la Sphere dix Cercles, fçavoir fix Majeurs & quatre Mineurs. Les fix Cercles Majeurs font, l'*Equinoxial*, le *Zodiaque*, le *Collure* des Equinoxes, le *Collure* des Tropiques, l'*Horifon* & le *Meridien*. Des fix Cercles Majeurs, il y en quatre mobiles & deux fixes; les quatres mobiles font, l'*Equinoxial*, le *Zodiaque*, le *Collure* des Equinoxes & le *Collure* des Tropiques, les deux Cercles fixes font, le *Meridien* & l'*Horifon*. La difference entre les Cercles mobiles & les Cercles fixes eft, que les mobiles font emportez par le premier mobile, qui eft le mouvement journal, c'eft à dire, qu'ils font leur revolution entiere en 24 heures, allant de l'Eft vers l'Oueft, c'eft à dire contre l'ordre des Signes. Et les deux fixes demeurent toûjours fermes & ftables fans tourner ni remuër.

Les quatre Cercles Mineurs de la Sphere font, les deux *Tropiques*, dont l'un eft le *Tropique de Cancer*, qui eft vers le Nord: & l'autre eft le *Tropique de Capricornus*, qui eft vers le Sud.

Les deux autres Cercles Mineurs de la Sphere font, les deux Cercles *Pollaires*, dont l'un eft Cercle *Pollaire Arctique*, qui eft vers le Nord, & l'autre eft le Cercle *Pollaire Antarctique*, qui eft vers le Sud.

L'intelligence de tous les fufdits Cercles fe verra au long fur chacun en particulier.

L'*Equinoxial*, eft un Cercle majeur que les Mariniers appellent ligne Equinoxiale, d'autres le nomment Equateur ou Equidial, car tous ces noms ne fignifient qu'une même chofe; ce Cercle eft par tout diftant des Poles du Monde, fçavoir de 90 degrez du côté du Nord, & autant du côté du Sud.

Quand le Soleil, par fon propre mouvement, eft parvenu fous le plan de l'Equateur, ce qui arrive deux fois l'an, au 19 ou 20 de Mars, & au 22 ou 23 de Septembre, les jours & les nuits sont égaux par tout le monde, c'est à dire, qu'il y a 12 heures de jour & 12 heures de nuit.

Usage de l'Equinoxial,

L*Atitude* du monde, est l'Arc du Meridien compris entre l'Equateur & le Zenith, ou bien l'Arc du même Meridien compris entre le Pole & l'Horison, & les Latitudes du monde se comptent le long du Meridien, à commencer à l'Equateur allant vers l'un ou l'autre Pole, on commence encor à les compter aux Poles allant vers l'Horison, ce qui est tres-utile à ceux qui font des Voyages en Mer de long cours, parce qu'il faut qu'ils observent la Latitude souvent pendant leur Voyage, soit par la hauteur, soit par estime, afin de sçavoir le chemin qu'ils ont fait, & celuy qu'ils ont encore à faire pour arriver au lieu où ils veulent aller.

Longitude du monde, est l'Arc de l'Equateur compris entre le premier Meridien & l'autre Meridien, qui passe par le lieu d'où l'on desire la Longitude; & les Longitudes du monde se comptent le long de l'Equateur, à commencer au premier Meridien allant de l'Ouest vers l'Est, c'est à dire selon l'ordre des Signes.

Declinaison du Soleil ou d'une Etoille fixe, est l'Arc du Meridien qui passe par le centre de l'Astre, compris entre le centre de l'Astre & l'Equinoxial, & on commence ordinairement à compter la Declinaison des Astres, c'est à dire du Soleil ou des Estoilles à la ligne Equinoxiale allant vers l'un ou l'autre Pole.

Ascension droite du Soleil ou d'une Estoille fixe, est l'Arc de l'Equateur compris entre le premier point d'*Aries* & le Meridien qui passe par le centre de l'Astre, & les Ascensions droites se comptent ordinairement le long de l'Equinoxial, commençant au premier point d'*Aries*, allant de l'Ouest vers l'Est, c'est à dire selon l'ordre des Signes.

Ascension oblique du Soleil ou d'une Etoille, est l'Arc de l'Equateur compris entre le premier point d'*Aries* & le point de l'Equateur qui se leve sur l'Horison en même tems de l'Astre par une Latitude proposée.

Difference Ascensionelle du Soleil ou d'une Etoille, est l'Arc de l'Equinoxial compris entre l'Ascension droite & l'Ascension oblique de l'Astre.

Arc Diurne, est l'Arc de l'Equateur qui leve sur l'Horison depuis le leve du Soleil jusqu'à son coucher, & l'*Arc Nocturne* est l'Arc de l'Equateur qui leve sur l'Horison depuis le coucher du Soleil jusqu'à son lever.

Zodiaque, est un Cercle majeur tiré obliquement d'un Tropique à l'autre, coupant la ligne Equinoxiale par la moitié en Angles obliques, chacun de 23 deg 31 min

31 min, & par consequent les Poles dudit Zodiaque sont éloignez des Poles du Monde, chacun de 23 deg. 31 min. de la grandeur des susdits Angles obliques, qui est la plus grande Declinaison du Soleil, & qu'on apelle obliquité du Zodiaque.

Il n'y a que ce Cercle qui a largeur, sçavoir 16 degrez de large, au milieu duquel il y a une ligne qui se nomme ligne Ecliptique, laquelle nous marque le chemin du Soleil, lequel ne manque jamais; & le Soleil fait sa revolution en ce Cercle, allant de l'Occident vers l'Orient environ en 365 jours 5 heures 48 minutes 45 secondes, selon l'opinion de *Thycobrahé*.

Ladite ligne Ecliptique se divise en 12 parties égales appellées Signes: chaque Signe en 30 degrez, chaque degré en 60 minutes, la minute en 60 secondes, &c.

Ceux qui travaillent aux suputations Astronomiques, divisent la ligne Ecliptique en 6 parties égales appellées Sexagenaires, dont chacune vaut 60 degrez.

NOMS DES SIGNES.

Aries,	ou le Mouton.		*Libra*,	ou la Balance.
Taurus,	ou le Taureau.		*Scorpius*,	ou le Scorpion.
Gemini,	ou les Gemeaux.		*Sagitarius*,	ou le Sagitaire.
Cancer,	ou L'Ecrevisse.		*Capricornus*,	ou le Capricorne.
Leo,	ou le Lyon.		*Aquarius*,	ou le Verseur d'eau.
Virgo,	ou la Vierge.		*Pisces*.	ou les Poissons.

Lesdits Signes sont Septentrionaux & Meridionaux; car *Aries*, *Taurus*, *Gemini*, *Cancer*, *Leo*, *Virgo*, sont du côté du Nord au regard de l'Equateur; Et partant sont nommez Septentrionaux, *Libra*, *Scorpius*, *Sagitarius*, *Capricornus*, *Aquarius*, *Pisces*, sont Meridionaux, parce qu'ils sont du côté du Midy au regard de l'Equateur.

Lesdits Signes divisent encore les quatre Saisons de l'année, qui sont, le *Printems*, l'*Esté*, *l'Automne* & l'*Hyver*.

Le Printems commence environ au 20 jour de Mars, & acheve environ au 22 de Juin, pendant lequel tems le Soleil parcourt les trois Signes, *Aries*, *Taurus* & *Gemini*.

L'Eté commence environ au 22 de Juin, & acheve environ au 23 de Septembre: pendant lequel tems le Soleil parcourt les trois Signes, *Cancer*, *Leo*, & *Virgo*.

L'Automne commence environ au 23 de Septembre, & acheve au 22 de Decembre: pendant lequel tems le Soleil parcourt les trois Signes, *Libra*, *Scorpius* & *Sagitarius*.

L'Hyver commence environ au 22 de Decembre, & finit environ au 20 de Mars: pendant lequel tems le Soleil parcourt les trois Signes, *Capricornus*, *Aquarius* & *Pisces*.

Vſage du Zodiaque.

LAtitude d'une Eſtoille fixe, eſt l'Arc d'un Cercle Majeur paſſant par les Poles du Zodiaque & par le centre de l'Etoille ; coupant la ligne Ecliptique en Angles droits. Et les Latitudes des Eſtoilles commençant à compter à la ligne Ecliptique, allant vers l'un & l'autre Pole du Zodiaque.

Longitude d'une Eſtoille fixe, eſt l'Arc de l'Ecliptique, compris entre le premier point d'*Aries* & le Cercle Majeur qui paſſe par les Poles du Zodiaque & par le centre de l'Eſtoille, coupant la ligne Ecliptique en Angles droits. Et les Longitudes des Eſtoilles fixes ſe comptent le long de la ligne Ecliptique, à commencer au premier point d'*Aries*, allant de l'Oueſt vers l'Eſt, c'eſt à dire ſelon l'ordre des Signes.

Collures, ſont deux Cercles Majeurs qui paſſent par les Poles du Monde, & s'entrecoupent en Angles droits auſdits Poles, & par conſequent coupent l'Equateur en quatre parties égales, auſſi bien que l'Ecliptique és quatre points principaux des quatre Saiſons.

Collure des Equinoxes paſſe par les Poles du Monde, & par les points où s'entre-coupent la ligne Equinoxiale & la ligne Ecliptique, qu'on appelle Sections, dont l'une eſt ſection Vernale ou du Printems, qui eſt juſtement au premier point d'*Aries* ; & l'autre eſt ſection Automnale, ou de l'Automne, qui eſt juſtement au premier point de *Libra*.

Collure des Tropiques, eſt un Cercle Majeur qui paſſe par les Poles du Monde, & par les Poles du Zodiaque, & par les points de la ligne Ecliptique, qui ſont les plus éloignez de la ligne Equinoxiale, qui ſont le premier point de *Cancer*, & le premier point de *Capricornus*.

Vſage des deux Collures.

LEs deux Collures ne ſervent qu'à amaſſer & lier enſemble l'Equateur, le Zodiaque, les deux Tropiques & les deux Cercles Polaires.

Le Meridien eſt un Cercle Majeur, qui paſſe par les Poles du Monde, par le Zenith & par le Nadir, & diviſe le jour en deux également. On ſe peut imaginer autant de Meridiens comme il y a de points au Ciel ; car chaque Pays & chaque lieu a ſon Meridien. Et c'eſt lors que le Soleil ou quelqu'autre Aſtre entre en ce Cercle que les Mariniers prennent hauteur.

L'*Horiſon* eſt un Cercle Majeur, qui a pour Poles le Zenith & le Nadir, lequel ſepare la Sphere en deux Hemiſpheres, celle que nous voyons d'avec celle que nous ne voyons point.

Il y a deux sortes d'Horison ; sçavoir le raisonnable & le sensible.

L'Horison raisonnable est un Cercle Majeur qui divise la Sphere en deux parties égales, éloignées par tout de 90 degrez du Zenith & du Nadir.

L'Horison sensible est un Cercle Mineur, qui a pour Pole le Zenith & le Nadir, & termine le rayon visuel de nôtre vûë, là où il nous semble que la Terre ou la Mer baise le Ciel.

Vsage de l'Horison.

L'*Horison* se divise par les Mariniers en 32 parties égales, appellées rhumbs ou airs de Vent, ce qui leur sert beaucoup à dresser leurs Courses.

Les Pilotes qui observent les Latitudes du Monde, prennent la hauteur des Astres sur l'Horison, afin d'en conclure leur Latitude.

Amplitude, est l'Arc de l'Horison, compris entre le vray Est ou le vray Orient, & lever du Soleil ou d'une Estoille fixe, ou bien l'Arc du même Horison, entre le vray Ouest ou le vray Occident, & le coucher du Soleil ou d'une Etoille, laquelle Amplitude sert à trouver la Variation de l'Aymant.

Amplitude Ortive, est pour le lever de l'Astre, & *Amplitude Occase* est pour le coucher.

Si la Declinaison de l'Astre est Nord, son Amplitude est Nord ; & si la Declinaison de l'Astre est Sud, son Amplitude est Sud.

Tropiques, sont deux Cercles Mineurs chacun paralels, & éloignez de l'Equateur de 23 degrez 31 minutes, dont l'un est le Tropique de *Cancer* qui est du côté du Nord, l'autre est le Tropique de *Capricornus* qui est vers le Sud.

Ils s'appellent Tropiques, parce que le Soleil y étant arrivé, il commence à retourner vers l'autre Tropique.

On les nomme encore Solstice à cause que le Soleil feint s'y arrêter, parce qu'il ne passe point outre

Le Soleil arrive au Solstice d'Esté environ au 22 de Juin, lorsqu'il entre au premier point de *Cancer*, & au Solstice d'Hyver environ le 22 Decembre, lorsqu'il entre au premier point de *Capricornus*.

Cercles Pollaires, sont deux Cercles Mineurs, qui sont chacun paralelle & éloignez de l'Equateur de 66 degrez 29 min. & par consequent éloignez des Poles du Monde de 23 degrez 31 minutes.

On les appelle Cercles Pollaires, à cause qu'ils portent en leur circonference les Poles du Zodiaque.

L'un est Cercle Pollaire Arctique, lequel est décrit par le Pole du Zodiaque qui est vers le Nord.

L'autre est Cercle Polaire Antarctique, lequel est décrit par le Pole du Zodiaque qui est vers le Sud.

Vsage du Zodiaque.

L*Atitude* d'une Estoille fixe, est l'Arc d'un Cercle Majeur passant par les Poles du Zodiaque & par le centre de l'Etoille ; coupant la ligne Ecliptique en Angles droits. Et les Latitudes des Estoilles commençant à compter à la ligne Ecliptique, allant vers l'un & l'autre Pole du Zodiaque.

Longitude d'une Estoille fixe, est l'Arc de l'Ecliptique, compris entre le premier point d'*Aries* & le Cercle Majeur qui passe par les Poles du Zodiaque & par le centre de l'Estoille, coupant la ligne Ecliptique en Angles droits. Et les Longitudes des Estoilles fixes se comptent le long de la ligne Ecliptique, à commencer au premier point d'*Aries*, allant de l'Ouest vers l'Est, c'est à dire selon l'ordre des Signes.

Collures, sont deux Cercles Majeurs qui passent par les Poles du Monde, & s'entrecoupent en Angles droits ausdits Poles, & par consequent coupent l'Equateur en quatre parties égales, aussi bien que l'Ecliptique és quatre points principaux des quatre Saisons.

Collure des Equinoxes passe par les Poles du Monde, & par les points où s'entre-coupent la ligne Equinoxiale & la ligne Ecliptique, qu'on appelle Sections, dont l'une est section Vernale ou du Printems, qui est justement au premier point d'*Aries* ; & l'autre est section Automnale, ou de l'Automne, qui est justement au premier point de *Libra*.

Collure des Tropiques, est un Cercle Majeur qui passe par les Poles du Monde, & par les Poles du Zodiaque, & par les points de la ligne Ecliptique, qui sont les plus éloignez de la ligne Equinoxiale, qui sont le premier point de *Cancer*, & le premier point de *Capricornus*.

Vsage des deux Collures.

LEs deux Collures ne servent qu'à amasser & lier ensemble l'Equateur, le Zodiaque, les deux Tropiques & les deux Cercles Polaires.

Le Meridien est un Cercle Majeur, qui passe par les Poles du Monde, par le Zenith & par le Nadir, & divise le jour en deux également. On se peut imaginer autant de Meridiens comme il y a de points au Ciel ; car chaque Pays & chaque lieu a son Meridien. Et c'est lors que le Soleil ou quelqu'autre Astre entre en ce Cercle que les Mariniers prennent hauteur.

L'*Horison* est un Cercle Majeur, qui a pour Poles le Zenith & le Nadir, lequel separe la Sphere en deux Hemispheres, celle que nous voyons d'avec celle que nous ne voyons point.

Il y a deux sortes d'Horison ; sçavoir le raisonnable & le sensible.

L'Horison raisonnable est un Cercle Majeur qui divise la Sphere en deux parties égales, éloignées par tout de 90 degrez du Zenith & du Nadir.

L'Horison sensible est un Cercle Mineur, qui a pour Pole le Zenith & le Nadir, & termine le rayon visuel de nôtre vûë, là où il nous semble que la Terre ou la Mer baise le Ciel.

Vsage de l'Horison.

L'*Horison* se divise par les Mariniers en 32 parties égales, appellées rhumbs ou airs de Vent, ce qui leur sert beaucoup à dresser leurs Courses.

Les Pilotes qui observent les Latitudes du Monde, prennent la hauteur des Astres sur l'Horison, afin d'en conclure leur Latitude.

Amplitude, est l'Arc de l'Horison, compris entre le vray Est ou le vray Orient, & lever du Soleil ou d'une Estoille fixe, ou bien l'Arc du même Horison, entre le vray Ouest ou le vray Occident, & le coucher du Soleil ou d'une Etoille, laquelle Amplitude sert à trouver la Variation de l'Aymant.

Amplitude Ortive, est pour le lever de l'Astre, & *Amplitude Occase* est pour le coucher.

Si la Declinaison de l'Astre est Nord, son Amplitude est Nord ; & si la Declinaison de l'Astre est Sud, son Amplitude est Sud.

Tropiques, sont deux Cercles Mineurs chacun paralels, & éloignez de l'Equateur de 23 degrez 31 minutes, dont l'un est le Tropique de *Cancer* qui est du côté du Nord, l'autre est le Tropique de *Capricornus* qui est vers le Sud.

Ils s'appellent Tropiques, parce que le Soleil y étant arrivé, il commence à retourner vers l'autre Tropique.

On les nomme encore Solstice à cause que le Soleil feint s'y arréter, parce qu'il ne passe point outre

Le Soleil arrive au Solstice d'Esté environ au 22 de Juin, lorsqu'il entre au premier point de *Cancer*, & au Solstice d'Hyver environ le 22 Decembre, lorsqu'il entre au premier point de *Capricornus*.

Cercles Pollaires, sont deux Cercles Mineurs, qui sont chacun paralelle & éloignez de l'Equateur de 66 degrez 29 min. & par consequent éloignez des Poles du Monde de 23 degrez 31 minutes.

On les appelle Cercles Pollaires, à cause qu'ils portent en leur circonference les Poles du Zodiaque.

L'un est Cercle Pollaire Arctique, lequel est décrit par le Pole du Zodiaque qui est vers le Nord.

L'autre est Cercle Polaire Antarctique, lequel est décrit par le Pole du Zodiaque qui est vers le Sud.

Il y a encore d'autres Cercles qui ne sont point dans la Sphere ; Sçavoir,

CErcles *Vertical*, ou *Azimutal* est un Cercle Majeur, qui passe par le Zenith & le Nadir, & coupe l'Horison en Angles droits, & il y en a autant qu'on se peut imaginer de points à l'Horison.

Almicantaraths, se sont Cercles mineurs, qui ont pour Pole le Zenith & le Nadir, & sont paralels à l'Horison, & il y en a autant qu'on se peut imaginer de points au Cercle Vertical.

Zone, est une ceinture ou bande de là Terre, comprise entre deux Cercles ; dont il y en a cinq, sçavoir la Zone Toride, les deux Zones Temperées & les deux Zones Froides.

La Zone Toride, est la partie de la Terre, comprise entre les deux Tropiques, & on l'appelle Toride, à cause que le Soleil y est toûjours à plomb sur quelque partie d'icelle, dont il y fait un si grand chaud, que les Anciens croyoient que tout y fust brûlé, c'est pourquoy on l'appelle Toride, qui signifie brûlé.

La Zone Temperée, est comprise entre le Tropique & le Cercle Pollaire, & on l'appelle temperée, à cause qu'elle n'est point sujette aux grandes chaleurs de la Toride, ny aux grandes froidures de la Froide.

La Zone Froide, est comprise entre le Cercle Pollaire & le Pole du Monde, on l'appelle Froide, à cause que les grandes froidures qui y sont continuellement la rendent presque inhabitable.

Climat, est une espace de terre, dans laquelle le plus long jour d'Esté surpasse d'une demie heure le plus long jour d'Esté d'une autre Pays.

On compte ordinairement jusqu'à 24 Climats de part & d'autre, qui se terminent là où le plus long jour d'Eté est de 24 heures; car passé cette espace les jours croissent & diminuent démesurément

Il y a trois sortes de Sphere en tout ce que nous avons dit cy devant :

1. La *Sphere Celeste* nous represente le Ciel, le Firmament & les Etoilles.
2. La *Sphere Terrestre* nous represente la rondeur de la Terre & de la Mer.
3. La *Sphere Armillaire* est composée de divers Cercles ou bandes qu'on appelle Armilles, lesquelles nous avons enseigné devant.

Il y a encore trois sortes de Sphere, là où dans chacune toutes les trois precedentes sont comprises ; Sçavoir,

1. La *Sphere droite*, est quand l'Equateur passe par le Zenith & par le Nadir, coupe l'Horison en Angles droits, & les deux Poles joints à l'Horison, les jours & les nuits sont égaux en ces lieux-là.
2. La *Sphere Oblique*, est quand un Pole est élevé sur l'Horison, & l'autre abaissé au dessous, & coupe l'Equateur en Angles obliques; & en cette Sphere les jours & les nuits y sont inégaux.
3. La *Sphere Paralelle*, est quand un Pole est au Zenith, & l'autre au Nadir & l'Equateur joint à l'Horison ; en cette Sphere il y a six mois de jour & six mois de nuit.

FIN.

www.ingramcontent.com/pod-product-compliance
Lightning Source LLC
Chambersburg PA
CBHW071912200326
41519CB00016B/4586
* 9 7 8 2 0 1 4 5 2 1 4 6 7 *